云南
野生毒菌图鉴

YUNNAN YESHENG DUJUN TUJIAN

万　蓉　刘志涛　李海蛟　主编

亚稀褶红菇（剧毒）
Russula subnigricans Hongo

YNK 云南科技出版社
·昆明·

图书在版编目（CIP）数据

云南野生毒菌图鉴 / 万蓉 , 刘志涛 , 李海蛟主编
. -- 昆明 : 云南科技出版社 , 2023.6（2024.8 重印）
ISBN 978-7-5587-5008-3

Ⅰ . ①云… Ⅱ . ①万… ②刘… ③李… Ⅲ . ①野生植
物—毒菌—云南—图集 Ⅳ . ① Q949.32-64

中国国家版本馆 CIP 数据核字 (2023) 第 110931 号

云南野生毒菌图鉴
YUNNAN YESHENG DUJUN TUJIAN

万 蓉 刘志涛 李海蛟 主编

出 版 人：温 翔
策 划：高 亢 胡凤丽 杨 雪
责任编辑：张羽佳 唐 慧 王首斌
封面设计：长策文化
责任校对：秦永红
责任印制：蒋丽芬

书 号：ISBN 978-7-5587-5008-3
印 刷：昆明美林彩印包装有限公司
开 本：787mm×1092mm 1/16
印 张：10.75
字 数：260 千字
版 次：2023 年 6 月第 1 版
印 次：2024 年 8 月第 2 次印刷
定 价：78.00 元

出版发行：云南科技出版社
地 址：昆明市环城西路 609 号
电 话：0871-64190886

编委会名单

主任：闵向东

副主任：孙承业　赵世文　胡　培　曾建辉

主编：万　蓉　刘志涛　李海蛟

副主编：李娟娟　万青青　赵　江　章轶哲　张宏顺　周　静

参编人员：

中国疾病预防控制中心

何　仟　蒋绍锋　尹　萸　张驭涛　程博文　郎　楠　袁　媛　孙　健
梁嘉祺

云南省疾病预防控制中心

董海燕　张　强　阮　元　彭　敏　刘　辉　余思洋　苏玮玮　杨彦玲
陈留萍　胡文敏　朱　晓　李艳茹　常　庆

楚雄市疾病预防控制中心

杨丽莎　王芳琼　周永存　刘应龙　方向明

牟定县疾病预防控制中心

普显坤　王正彪　赵　龙　徐顺云　杜春光

文山州疾病预防控制中心

董西明　赵　津　徐　华

丘北县疾病预防控制中心

陆凤斌　黄　燕　梁龙玉　李　云　朱松明　杨　平

麻栗坡县疾病预防控制中心

夏佑帮　李道福　秦明德　马明秀　张荣贵

玉溪市疾病预防控制中心

陈静文　张轶群　许建明　刘仕学

华宁县疾病预防控制中心

曹　波　赵　炳　施全龙　施树兵　王玉和　蒋红永

易门县疾病预防控制中心

阮　伟　吕　宏　吴柏伟　矣怀容　张佰董　余福保　汤文芬　李易庭

保山市疾病预防控制中心

郑维斌　彭佳艳　刘本周　赵　永

隆阳区疾病预防控制中心

苏　宏　屈尚亮　杨锡军　江宗训　郑　杰　杨保国　杨从应

腾冲市疾病预防控制中心

郭　超　康显虎　刘光杰　王加志　李成胜　李希尚　吴金伟　李福文

施甸县疾病预防控制中心

余　涛　杨　浩　丁正聪　赵丽琼　谢易芝　赵正香　李天宏　王卫梅
殷绍美　宁　浩　单庆双

龙陵县疾病预防控制中心

段文阳　尹　琦　寸勐振　王柳顺　瞿春平　高永刚　杨培茂　王艳波
张晓芳

昌宁县疾病预防控制中心

李光宏　禹月曦　蒋仙富　王亚超　张　琦　字言红

德宏州疾病预防控制中心

刀保清　李维山　茶学康　李昆红

芒市疾病预防控制中心

卢佳杰

盈江县疾病预防控制中心

杨锦梁　陈会萍　方文艳　管国平　张　斌　杨世庆　岳　英　尚正记
杨世娈

西双版纳州疾病预防控制中心

周　鑫　冯　东　米建明　高　雄

勐海县疾病预防控制中心

陈　然　刀正宇　李雪梅　樊　超

红河州疾病预防控制中心

张榕松　李　良　苏桂琴

弥勒市疾病预防控制中心

梁小铖　杨锦钟　潘继芳　周钰景　杨　龙

建水县疾病预防控制中心

祁燕芳　樊荣丽　张建梅　钱艳芬　杨淑梅　高　伋　薛　飞　方　茜
谭晓刚　刘　怡　任庆波

昭通市疾病预防控制中心

曹建国　邱　冬

威信县疾病预防控制中心

陈文松　王　萍　江　丹　刘志文　詹仲生

镇雄县疾病预防控制中心

陈广富　王　颖　熊明江　廖国雄　艾国庆　周　静　周　娜

马龙县疾病预防控制中心

周广辉　杨统林　周　冰　韩兆梅　杨菊芳　陈建波　张文斌　刘　梅
王　欣　陈长林

沾益区疾病预防控制中心

范　颖　李加来　陶芝兴　李秋芬　杨　光　刘海波　王宝贵

前言

云南野生毒菌图鉴

　　野生食用菌因其味道鲜美、营养价值高，备受人们喜爱，是云南人舌尖上的美味。众所周知，云南是野生菌王国，拥有我国2/3的野生菌资源，每年6～9月是野生菌大量上市的季节，同时也是误采误食野生菌中毒的高发期。云南省是我国野生菌中毒危害最严重的省份，据国家食源性疾病监测系统2011～2021年上报的数据显示，11年间云南省共上报野生菌中毒事件4558起，累计报告中毒病例18530人，死亡300人，居全国首位。野生菌中毒死亡人数占同期食物中毒死亡人数的比例高达56.92%，是食物中毒导致死亡的最主要原因，中毒事件89.83%发生在农村，死亡年龄最大82岁、最小10个月，其中较严重的1起中毒事件造成一家三代9人吃菌、9人中毒、6人死亡，是我省较突出的食品安全问题。2015年，云南省疾病预防控制中心与中国疾病预防控制中心合作开展了"云南省野生毒菌健康危害控制"工作，由云南省疾病预防控制中心统筹安排在不同地域开展野生毒菌标本采集、拍照、信息统计整理、标本制作等工作，由中国疾病预防控制中心负责标本形态学、分子生物学鉴定。选取云南省野生菌资源较丰富，发生野生菌中毒事件较多的楚雄州、文山州、玉溪市、保山市、德宏州、西双版纳州、红河州、昭通市、曲靖市，开展系统性的毒菌资源调查和多样性研究。同时在全省范围内有针对性地对野生菌中毒事件剩余样品进行重点实验分析，共采集到包含毒菌在内的大型真菌标本五千余份，经过形态学、分子生物学鉴定，采集到的毒菌标本归纳整理为8大类134种，现编辑出版，旨在明确云南省常见毒菌多样性、时空分布、中毒原因等流行病学特征，为制订野生菌中毒的防控工作方向，有针对性地研发中毒控制关键技术，同时加大中毒危害宣传，提高广大人民群众对毒菌的识别能力，为基层疾控人员开展流行病学调查和医疗机构快速诊断救治提供参考。

　　本书所涉及毒菌标本的采集和研究得到中国科学院昆明植物研究所杨祝良教授、李艳春博士、王向华博士、吴刚博士，湖南师范大学生命科学学院陈作红教授、张平教授，吉林农业大学图力古尔教授，广东省科学院微生物研究所李泰辉研究员、邓旺秋研究员、张明博士、刘晓斌博士、中国林科院热林所梁俊峰研究员、广东生态工程职业学院宋杰博士、文管亮老师，福建省南平市疾控中心张芝平主任等专家的大力支持和指导帮助，并提供了部分精美照片，在此深表感谢！并向所有参与此书标本采集、制作、提供照片的专家、疾控人员、医务人员致以诚挚的谢意！

　　由于作者业务水平有限，书中难免存在不足之处，敬请读者谅解。

2023年3月于昆明

目录 ——————————————————

第一章

毒菌中毒类型及症状

第一节 常见中毒类型及症状

一、急性肝损害型

此型菌子中毒病例占云南省菌子中毒病例不到20%，但却占菌子中毒死亡病例的90%以上。此型中毒绝大多数由鹅膏菌属、盔孢菌属和环柄菇属剧毒种类所导致，主要有致命鹅膏（俗名：白毒伞）、灰花纹鹅膏（俗名：麻母鸡）、黄盖鹅膏（俗名：黄罗伞）、条盖盔孢菌（俗名：假皮条菌）等，这些物种几乎全省都有分布。

这类毒菌含有鹅膏肽类毒素，误食后，一般发病较慢，潜伏期一般大于6小时，常见9～15小时，最长可达72小时。初期表现为恶心、呕吐、腹痛、腹泻等急性胃肠炎症状，1～2天后中毒症状消失，进入所谓的"假性痊愈期"。患者中毒3～4天后，病情又突然恶化，出现肝、脑、心、肾等多脏器损害的表现或症状，以肝脏损害最为严重。如出现肝大，黄疸、肝功能异常，广泛性出血，肝昏迷，少尿、无尿，烦躁不安，甚至昏迷、抽风、休克等，最后导致肝、肾、心、脑、肺等器官功能衰竭，5～16天患者死亡。中毒程度较轻或经积极治疗有效者，有望进入恢复期。也有一部分患者出现神经精神症状，3～7天后逐渐安定，继续治疗2～3周后痊愈。此型中毒病程长，病情复杂而凶险，病死率极高，应特别小心误食中毒。

二、急性肾衰竭型

1. 丝膜菌引起的急性肾衰竭型中毒

此型中毒的特征是潜伏期较长，食用后36小时～17天，平均3天，潜伏期的长短与中毒程度有关，潜伏期越短，中毒越严重。轻度中毒患者潜伏期10～17天，症状轻，几天后就恢复，中度中毒潜伏期6～10天，症状重但没有严重的肾功能衰竭，治疗几周后可以恢复正常，重度中毒潜伏期2～3天，引起肾衰竭，病死率高。重度中毒患者先出现胃肠、神经和一般症状一周左右，如厌食、恶心、呕吐、腹痛、腹泻、发热、寒战、嗜睡、眩晕、味觉障碍感觉异常等；进而出现多尿、蛋白尿、血尿，随后发展为急性肾衰竭，出现少尿或无尿症状。患者恢复很慢，一般需数周或数月，约50%病例发展成慢性肾功能不全。

2. 鹅膏菌引起的急性肾衰竭型中毒

云南省引起此型中毒的有假褐云斑鹅膏（俗名：假草鸡枞）、欧氏鹅膏、拟卵盖鹅膏、赤脚鹅膏等。此型中毒的潜伏期大于6小时，常见8～12小时，早期出现恶心、呕吐、腹痛、腹泻等胃肠炎症状，误食1～4天后出现肝功能中度受损，进而肾功能损害，临床表现为少尿或无尿等，此时采用对症支持治疗，约25%的病例需进行血液透析，3周左右可恢复。

三、横纹肌溶解型

横纹肌溶解型中毒由剧毒的亚稀褶红菇（俗名：火炭菌）引起。亚稀褶红菇属于红菇属，与红菇属中可以食用的稀褶红菇、密褶红菇外观极为相似，老百姓都称为"火炭菌"，很难从外观形态上区分。误食亚稀褶红菇后，发病最短的为10分钟，多在1～4小时出现症状。开始出现恶心、呕吐、腹痛、腹泻等症状，6～12小时出现全身乏力明显，肌肉痉挛性疼痛，胸闷、心悸，呼吸急促困难，血尿或血红蛋白尿，出现酱油色尿液。中毒严重者最后导致多器官功能衰竭，24小时即开始出现死亡。

四、胃肠炎型

能引起胃肠炎型中毒症状的菌子很多，主要有青褶伞属、红菇属、粉褶菌属、类脐菇属、口蘑属、鳞伞属、枝瑚菌属、硬皮马勃属、网孢牛肝菌属、乳牛肝菌属和粉孢牛肝菌属等。在云南省菌中毒病人中此型最为多见。此型中毒多在食菌后10分钟～（2～3）小时出现症状，主要临床表现为剧烈恶心、呕吐、腹痛、腹绞痛、腹泻水样便。可能伴有焦虑、发汗、畏寒和心跳加速等症状。严重者可能出现肌肉痉挛、循环障碍或者电解质流失。大多数情况下，这些胃肠炎症状经过治疗后在8～24小时后消退。

五、神经精神型

神经精神型中毒由含有神经毒性、癫痫性神经毒性、致幻性神经毒性的毒菌引起。主要有丝盖伞属、杯伞属、鹅膏菌属、鹿花菌属、裸盖菇属、斑褶伞属、裸伞属等。一般进食后10分钟～2小时除呕吐和腹泻等胃肠炎型症状外，尚有瞳孔缩小、对光反射消失、多汗或大汗、唾液增多流口水、流泪、兴奋、幻觉、步态蹒跚、心率缓慢、血压下降、呼吸困难、急性肺水肿等表现。少数病情严重者可有谵妄、幻视、幻听、"小人国"幻觉，闭眼时幻觉更明显、言语及行为怪谬。少数人还有迫害妄想，出现类似精神分裂症症状。此类病人首要的措施就是做好监护，对症治疗后可以恢复，死亡甚少，无后遗症。个别病例可因呼吸或循环衰竭而死亡。

六、溶血型

该型中毒主要由桩菇属毒菌引起。误食后症状出现快，一般30分钟～3小时内即出现恶心、呕吐、上腹痛和腹泻等胃肠炎症状。不久，溶血的发展导致尿液减少甚至无尿，尿液中出现血红蛋白以及贫血。严重的会继发尿毒症、急性肾功能衰竭以及休克、急性呼吸衰竭、弥散性血管内凝血等并发症而死亡。

七、光过敏性皮炎型

此型中毒在云南省主要由叶状耳盘菌引起。此菌外形极似黑木耳易误食，误食中毒后潜伏期较长，最快食后3小时发病，一般在1～2天内发病。表现为"日晒伤"样红、肿、热、刺痒、灼痛。严重者皮肤出现颗粒状斑点，针刺般疼痛，发痒难忍，发病过程中伴有恶心、呕吐、腹痛、腹泻、乏力、呼吸困难等症状。在日光下会加重。一般4～5天后好转，有的病程4～15天。

第二节　其他类型

从1978年起，在云南海拔1800～2600米的山村，每年7～9月雨季都发生几十例不明原因的猝死。到2006年8月，云南不明原因猝死事件共发生了100多起，造成300多人死亡。经过调查，研究人员发现，2005～2006年发生的7起聚集性猝死事件中，死者生前两周以内都食用过小白菌。从2008年起，我国专家从毒沟褶菌中通过动物试验活性追踪发现并分离纯化得到两个新的非蛋白氨基酸毒性成分，并从中毒死亡者心脏血液中检测出菌子中所含的新氨基酸，通过直接证据证实死者生前食用过该菌，并证明该菌是30多年来导致"云南不明原因猝死"的原因之一。

第二章

云南省常见有毒野生菌种类

第一节　急性肝损害型毒菌

1　致命鹅膏 *Amanita exitialis* Zhu L. Yang & T.H. Li

【俗名】白毒伞。

【形态特征】子实体中等至大型。菌盖白色，边缘平滑无沟纹。菌褶离生，白色，稠密。菌柄白色，光滑或被白色纤毛状鳞片，内部实心至松软，基部近球形。菌环顶生至近顶生，白色，膜质。菌托浅杯状，白色。

【生长环境】夏、秋季生于阔叶林中地上。

【毒性】剧毒。2019年6月，德宏州陇川县发生1起7人（其中7人中毒、6人死亡）吃菌中毒事件。

照片来源　图1～图3由李海蛟博士2015年8月4日拍摄于楚雄州双柏县4人中毒现场。图4由保山市昌宁县疾控中心2017年7月11日拍摄于昌宁县耇街乡。

2　灰花纹鹅膏 *Amanita fuliginea* Hongo

【俗名】麻母鸡。

【形态特征】子实体小型。菌盖深灰色、暗褐色至近黑色，有深色丝状隐花纹，边缘平滑无沟纹。菌褶离生，白色，较密。菌柄白色至浅灰色，常被浅褐色鳞片，基部近球形。菌环顶生至近顶生，灰色，膜质。菌托浅杯状，

【生长环境】夏、秋季生于阔叶林或针阔混交林中地上。

【毒性】剧毒。

照片来源 图1由杨祝良教授、图2由李海蛟博士、图3由陈作红教授拍摄。

3 拟灰花纹鹅膏 *Amanita fuligineoides* P. Zhang & Zhu L. Yang

【形态特征】子实体中等至大型。菌盖灰褐色、暗灰褐色至近黑色，中部色较深，有深色丝状隐花纹，边缘无沟纹。菌褶白色。菌柄白色至淡灰色，常被灰褐色浅褐色细小鳞片，基部近棒状。菌环顶生至近顶生，白色至淡灰色，膜质。菌托浅杯状，白色。

【生长环境】夏季生于阔叶林地上。

【毒性】剧毒。

照片来源 照片由普洱市澜沧县疾控中心2018年6月29日拍摄于澜沧县雪林乡4人中毒现场。

4　裂皮鹅膏 *Amanita rimosa* P. Zhang & Zhu L. Yang

【形态特征】子实体小型。菌盖白色，有时中部米色至淡黄褐色，边缘无沟纹。菌褶白色。菌柄白色至污白色，有时被白色细小鳞片，基部近球形。菌环近顶生，白色，膜质。菌托浅杯状，白色。

【生长环境】夏、秋季生于阔叶林地上。

【毒性】剧毒。

照片来源 图1、图2由德宏州盈江县疾控中心2015年8月5日拍摄于盈江县支那乡支那村。图3、图4由李海蛟博士拍摄。

5 黄盖鹅膏 *Amanita subjunquillea* S. Imai

【形态特征】子实体中等至大型。菌盖黄
褐色、污橙色至芥黄色。菌肉白色，受
伤后不变色。菌褶离生，白色、不等长。
菌柄圆柱形，白色至浅黄色，常被纤毛状
或反卷的淡黄色鳞片，基部近球形。菌环
近顶生、白色。菌托浅杯状，白色至污
白色。

【生长环境】夏、秋季生于各种阔叶林、
针阔混交林或针叶林中地上。

【毒性】剧毒。

照片来源 照片由李海蛟博士拍摄。

6　条盖盔孢菌 *Galerina sulciceps* (Berk.) Boedijn

【俗名】假皮条菌。

【形态特征】子实体小型。菌盖黄褐色，中央稍下陷且有小乳突，有明显的辐射状条纹。菌褶弯生，淡褐色，较稀。菌柄顶部黄色，向下颜色逐渐变深，基部黑褐色。

【生长环境】夏、秋季生于腐殖质上或腐木上。

【毒性】剧毒。

照片来源 图1由昭通市彝良县疾控中心2020年10月12日拍摄于彝良县2人中毒现场。图2由昭通市威信县疾控中心2020年10月10日拍摄于2人中毒现场。

7 肉褐鳞环柄菇 *Lepiota brunneoincarnata* Chodat & C. Martin

【形态特征】子实体小型。菌盖白色或污白色，被近同心环状排列的褐色鳞片，中央有较低且钝的褐色、暗褐色凸起。菌褶离生，白色至乳白色，密，不等长。菌柄近圆柱形，空心，与菌盖同色，基部明显膨大。无明显菌环，只具有一个像菌环的膜质区，环区以上菌柄被白色纤毛，以下部分被褐色鳞片，呈不完整环状排列。

【生长环境】夏、秋季生于针叶林中地上。

【毒性】剧毒。

照片来源 照片由李海蛟博士拍摄。

8 亚毒环柄菇 *Lepiota subvenenata* Hai J. Li, Y.Z. Zhang & C.Y. Sun

【形态特征】子实体小型。菌盖米色至淡黄褐色，中央深黄褐色，被褐色鳞片，中央鳞片密集深褐色。菌褶离生，白色至乳白色，不等长，较稀。菌柄近圆柱形，被黄褐色凸起鳞片，基部变细。

【生长环境】夏、秋季生于阔叶树落叶层上。

【毒性】剧毒。

照片来源 照片由李海蛟博士拍摄。

9 毒环柄菇 *Lepiota venenata* Zhu L. Yang & Z.H. Chen

【形态特征】子实体小型。菌盖白色至乳白色，被红褐色同心圆排列鳞片，至中央鳞片密集。菌褶离生，白色至乳白色，不等长，较稀。菌柄近圆柱形，被红褐色明显凸起鳞片，基部近球形。

【生长环境】夏、秋季生于阔叶树林地上。

【毒性】剧毒。

照片来源 照片由李海蛟博士2017年9月28日拍摄于保山市腾冲市。

第二节　急性肾衰竭型毒菌

1　欧式鹅膏 *Amanita oberwinklerana* Zhu L. Yang & Yoshim. Doi

【形态特征】子实体中等。菌盖白色或米色，光滑或被有1～3片白色、膜质鳞片。菌褶离生，稍密，白色。菌肉白色，受伤后不变色。菌柄白色，常被白色反卷纤毛状或绒毛状鳞片，基部腹鼓状至白萝卜状。菌环上位，白色，膜质。菌托浅杯状至苞状，白色。

【生长环境】夏、秋季生于针叶林、阔叶林或针阔混交林中地上。

【毒性】剧毒。

照片来源 照片由李海蛟博士拍摄。

2 假褐云斑鹅膏 *Amanita pseudoporphyria* Hongo

【俗名】假草鸡枞，麻母鸡。

【形态特征】子实体中等至大型。菌盖淡灰色、灰色至灰褐色，有深色纤丝状隐生花纹或斑纹，边缘无沟纹。菌肉白色，受伤后不变色。菌褶离生，白色，密。菌柄白色，常被白色纤毛状至粉末状鳞片，基部棒状、腹鼓状至梭形，实心。菌环上位，白色，膜质，易破碎消失。菌托苞状或袋状，白色至污白色。

【生长环境】夏、秋季生于针叶林或针阔混交林中地上。

【毒性】剧毒。

照片来源 图1、图2由李海蛟博士2017年8月5日拍摄于楚雄州南华县。图3由楚雄州牟定县疾控中心2015年8月18日拍摄于牟定县蟠猫乡双龙村。图4由西双版纳州景洪市疾控中心2016年7月31日拍摄于景洪市普文镇。图5由楚雄州楚雄市疾控中心2015年8月18日拍摄于楚雄市中山镇大自雄村。

20

3　拟卵盖鹅膏 *Amanita neoovoidea* Hongo

【形态特征】子实体中等。菌盖白色至米黄色，被鳞片（外层膜状，淡黄色至赭色；内层粉末状，白色），边缘常有白色至米黄色絮状物但无沟纹。菌肉白色，受伤后色稍暗且带红色。菌褶白色至米黄色。菌柄被白色絮状至粉末状鳞片，基部腹鼓状至白萝卜状，被淡黄色至赭色的破布状、环带状或卷边状鳞片，内部实心或松软。菌环上位，膜质，白色，易破碎消失。菌托苞状，黄白色至浅土黄色。

【生长环境】夏、秋季生于针叶林或针阔混交林中地上。

【毒性】剧毒。

照片来源 图1、图2由李海蛟博士2017年8月6日拍摄于楚雄州双柏县。图3由楚雄州牟定县疾控中心2015年8月18日拍摄于牟定县蟠猫乡双龙村。图4由红河州弥勒市疾控中心2016年8月3日拍摄于弥勒市江边乡。

4 赤脚鹅膏 *Amanita gymnopus* Corner & Bas

【俗名】大白伞菌。

【形态特征】子实体中等至大型。菌盖白色、米色、浅褐色，被淡黄色、淡褐色破布状至碎屑状鳞片，边缘常有絮状物但无沟纹。菌肉白色，受伤后缓慢变为淡褐色至褐色，有硫黄气味或稍辣。菌褶离生，米色、淡黄色至黄褐色。菌柄污白色至淡褐色，基部膨大，近光滑。菌环顶生或近顶生，膜质，白色至米色。

【生境】夏、秋季生于阔叶林或针阔混交林中地上。

【毒性】剧毒。

照片来源 图1、图2由李海蛟博士2015年8月23日拍摄于临沧市凤庆县。图3、图4由楚雄州楚雄市疾控中心2015年8月27日拍摄于楚雄市三街镇三街村。

5 尖顶丝膜菌 *Cortinarius gentilis* (Fr.) Fr.

【形态特征】子实体小型至中等。菌盖褐色或红褐色至黄褐色，有小鳞片或表面粗糙，中央凸起，边缘内卷。菌肉黄色或黄褐色至浅红褐色，无明显气味。菌褶直生，红褐色、棕褐至锈褐色，稍密，不等长。菌柄浅黄色至黄褐色，后期呈红褐色，下部呈棕褐色，内部松软至空心，表面毛状或纤毛状鳞片。

【生长环境】夏、秋季生于针叶林、阔叶林或针阔混交林中地上。

【毒性】有毒。

🔲照片来源 照片由保山市施甸县疾控中心2017年8月4日拍摄于施甸县姚关镇。

第三节　横纹肌溶解型毒菌

亚稀褶红菇 *Russula subnigricans* Hongo

【俗名】火炭菌。

【形态特征】子实体中等至大型。菌盖表面浅灰色至煤灰黑色，成熟后中部常下凹，呈漏斗状，菌盖向上反卷，边缘无条棱。菌肉白色，受伤后易变红色而不再变黑色。菌褶直生，白色，受伤后变红色，菌褶厚，稍密或稍稀疏，不等长，脆而易碎。菌柄粗短，浅灰色，内部松软。

【生长环境】夏、秋季生于混交林中地上。

【毒性】剧毒。2013年7月13~15日，玉溪市华宁县发生11起（其中38人中毒、4人死亡）中毒事件。

照片来源 图1~图3由李海蛟博士拍摄。图4~图6由西双版纳州景洪市疾控中心2016年7月25日拍摄于景洪市基诺乡。

第四节 胃肠炎型毒菌

1 大青褶伞 *Chlorophyllum molybdites* (G. Mey.) Massee

【形态特征】子实体中等至大型。菌盖白色，中部稍突起，幼时表皮暗褐色或浅褐色，逐渐裂变为鳞片，中部鳞片大而厚，呈褐紫色，边缘渐少或脱落。菌肉白色或带浅粉红色，松软。菌褶离生，宽，不等长。初期污白色，后期浅绿色至青褐色或淡青灰色，褶缘有粉粒。菌柄圆柱形，污白色至浅灰褐色，纤维质，菌环以上光滑，菌环以下有白色纤毛，基部稍膨大，空心。菌柄菌肉受伤后变褐色，干时有芳香气味。菌环上位，膜质，可移动。

【生长环境】夏、秋季喜于雨后在草坪、蕉林地上群生或散生。

【毒性】有毒。

照片来源 照片由瑞丽市人民医院凹贵梅提供，2019年7月28日德宏州瑞丽市1人中毒。

25

2 变红青褶伞 *Chlorophyllum hortense* (Murrill) Vellinga

【形态特征】子实体小型至中等。
菌盖幼时近卵圆形，渐变锥形，后
期近平展，白色，中部色深微凸，
被白色、淡黄色斑块状鳞片，边缘
常有白色绒毛。菌肉白色，受伤后
不变色或变淡粉红色。菌褶离生，
白色，稍密，受伤后不变色。菌柄
圆柱形，常基部膨大，有纵纹，空
心，白色至浅灰色，基部颜色加
深，伤后变淡红色或淡红褐色。
菌环中上位，膜质，白色至淡黄赭
色，易脱落。

【生长环境】夏、秋季散生或群生
于林缘或路边地上。

【毒性】有毒。

照片来源 照片由红河州弥勒市疾控中心
2016年8月9日拍摄于弥勒市新哨镇。

3 日本红菇 *Russula japonica* Hongo

【形态特征】子实体中等。菌盖白色至污白色，中央下凹，脐状，后伸展近漏斗状，边缘反卷，表面常具有浅褐色鳞状物。菌肉白色，受伤后不变色。菌褶直生，不等长，白色，稍密，受伤后不变色。菌柄白色，短粗，实心。

【生长环境】夏、秋季在阔叶林地上群生或单生。

【毒性】有毒。

照 片 来 源 照片由李海蛟博士2017年8月7日拍摄于楚雄市西山公园。

4 毒红菇 *Russula emetica* (Schaeff.) Pers.

【俗名】红菌、细红菌。

【形态特征】子实体小型至中等。菌盖胭脂红色，有时褪至粉红色，中部色深，向边缘色渐淡，初期扁半球形，后期平展或翘起，老后中部稍下凹，光滑，黏，表皮易剥落，边缘有棱纹。菌肉白色，味辛辣，薄。菌褶直生，白色，较稀，等长，褶间有横脉。菌柄白色或部分粉红色，圆柱形，表面干燥，内部松软。

【生长环境】夏、秋季在松树林或阔叶林中地上单生或散生。

【毒性】有毒。

照片来源 图1由德宏州盈江县疾控中心2015年7月31日拍摄于盈江县苏典乡。图2、图3由保山市隆阳区疾控中心2016年8月8日拍摄于隆阳区辛街乡。图4、图5由红河州弥勒市疾控中心2016年8月8日拍摄于弥阳街道办事处。

【俗名】大黄菌。

【形态特征】子实体小型至中等。菌盖幼时扁半球形，平展后中部稍下凹，浅黄色，中部土褐色，表面黏。菌肉污白色，质脆，有辛辣味，受伤后不变色。菌褶近弯生，稍密，不等长，分叉，白色。菌柄较粗圆柱形，污白色，老后有褐色斑痕，基部往往稍细，内部松软至中空，质脆。

【生境】夏、秋季生于针阔混交林地上。

【毒性】有毒。

照片来源 照片由红河州弥勒市疾控中心2016年8月1日拍摄于弥勒市虹溪镇。

6 可爱红菇 *Russula grata* Britzelm.

【俗名】麻杆菌。

【形态特征】子实体小型至中等。菌盖幼时扁半球形，后平展，中部稍下凹，米黄色至土黄色，盖缘有明显棱纹。菌褶直生，稍密，白色，往往出现污褐色斑。菌柄近圆柱形，稍粗，污白色至浅土黄色。

【生境】夏、秋季生于灌木林地上。

【毒性】有毒。

照片来源 图1、图2由文山州丘北县疾控中心2017年7月13日拍摄于丘北县舍得乡落母村。图3由楚雄州牟定县疾控中心2015年8月18日拍摄于牟定县蟠猫乡双龙村。

7 土黄红菇 *Russula luteotacta* Rea

【形态特征】子实体小型。菌盖平展微上翘，中部下凹，表面灰白色，中部淡土黄色，湿润稍黏，近边缘有放射状条纹，边缘呈规则小棘突。菌褶直生，稀，宽而薄，灰白色。菌柄短粗圆柱形，表面光滑，与菌盖同色，内部松软或空心。

【生长环境】夏、秋季生于针叶林地上。

【毒性】有毒。

照片来源 照片由红河州弥勒市疾控中心2016年8月4日拍摄于弥勒市西三镇。

8 点柄黄红菇 *Russula punctipes* Singer

【俗名】麦杆菌。

【形态特征】子实体小型至中等。菌盖中部稍凹，淡黄色，被土黄色、褐色斑片状鳞片，稍黏，有清晰条纹，边缘齐。菌肉污白色，表皮下带土黄色，具腥臭气味，口感味道辛辣。菌褶直生或稍延生，密，等长或不等长，有分叉，污白色至淡黄褐色。菌柄污黄色，近圆柱形，老时表面有直纹，内部松软至空心，质地脆。

【生长环境】夏、秋季生于针阔混叶林中地上，常群生。

【毒性】有毒。

照片来源 图1由李海蛟博士2019年6月18日拍摄。图2由文山州麻栗坡县疾控中心2017年7月18日拍摄于麻栗坡县麻栗镇。图3由文山州丘北县疾控中心2017年7月19日拍摄于丘北县树皮乡姑租村。图4由德宏州芒市疾控中心2015年8月10日拍摄于芒市中山乡。图5由西双版纳州勐海县疾控中心2016年7月29日拍摄于勐海县西定乡西定村。

9　亚臭红菇 *Russula subfoetens* W.G. Sm.

【形态特征】子实体小型至中等。菌盖幼时半球形，成熟后中部稍下凹。污黄至黄褐色，边缘有明显条纹，水浸状，黏滑。菌褶直生，污白色至淡黄褐色，密，不等长。菌柄圆柱形，污白色，内部松软至中空，质脆。

【生长环境】夏、秋季生于混交林地上。

【毒性】有毒。

照片来源 图1由李海蛟博士2015年7月25日拍摄于楚雄州禄丰县。图2由红河州建水县疾控中心2016年7月29日拍摄于建水县甸尾乡甸尾铁所村。图3由文山州丘北县疾控中心2017年8月3日拍摄于丘北县新店乡新店村。图4由保山市昌宁县疾控中心2017年7月31日拍摄于昌宁县卡斯镇新谷村。

10　近江粉褶菌 *Entoloma omiense* (Hongo) E. Horak

【形态特征】子实体小型。菌盖幼时呈圆锥形，后斗笠形或近平展，灰黄色、浅灰褐色或浅黄褐色，有时带粉红色，具条纹，光滑。菌肉薄，白色。菌褶直生，较密，薄，幼时白色，成熟后粉红色至淡粉黄色。菌柄圆柱形，近白色或接近菌盖色，光滑，基部有白色菌丝体。

【生长环境】夏、秋季单生或散生于竹林或其他林地上。

【毒性】有毒。

照片来源 图1由楚雄州人民医院吴润东医师提供，2018年8月6日楚雄发生7人中毒事件。图2由中国疾控中心章轶哲研究员拍摄。图3、图4由保山市施甸县疾控中心2021年8月30日拍摄于2人中毒现场。

11　变绿粉褶菌 *Entoloma incanum* (Fr.) Hesler

【形态特征】子实体小型。菌盖凸镜形，中部具脐凹，黄绿色、绿褐色，有放射状条纹，光滑或被微细鳞片。菌肉白色，薄。菌褶直生，稍稀至较密，幼时白色，成熟后粉色或污粉色。菌柄圆柱形，中空，黄绿色，受伤后变蓝绿色，基部有白色菌丝。

【生长环境】夏、秋季在灌木林、混交林中丛生或散生。

【毒性】有毒。

照片来源 照片由保山市隆阳区疾控中心2016年8月9日拍摄于隆阳区永昌街道办事处。

12 穆雷粉褶菌 *Entoloma murrayi* (Berk. & M. A. Curtis) Sacc.

【形态特征】子实体小型。菌盖斗笠形、锥形，顶部具显著长尖突或乳突，光滑或具纤毛，成熟后略具丝状光泽，有放射状条纹，菌盖边缘整齐，黄色。菌肉近无色，薄。菌褶弯生至离生，与菌盖同色，较稀，边缘略呈锯齿状。菌柄圆柱形，光滑或具纤毛，黄色，有丝状细条纹，空心，基部稍膨大。

【生长环境】夏、秋季单生、散生至群生于针阔混交林中地上。

【毒性】有毒。

照片来源 照片由李海蛟博士2017年7月21日拍摄。

13　日本类脐菇 *Omphalotus guepiniformis* (Berk.) Neda

【形态特征】子实体中等至大型。菌盖幼时圆球形，后平展呈扇形、肾形或半圆形，菌盖边缘微下卷，表面暗紫色或紫黑色，近中央处有鳞片散生，有不规则斑纹。菌褶延生，较长，脆，近白色。菌柄侧生或中生。

【生长环境】夏、秋季叠生于山毛榉或栎树枯干上。

【毒性】有毒。

照片来源 照片由李海蛟博士拍摄。

14 发光类脐菇 *Omphalotus olearius* (DC.) Singer

【形态特征】子实体小型至中等。菌盖浅黄色、黄色、亮黄色至橘黄色，成熟时漏斗形，中央凹陷。菌肉浅黄色至黄色。菌褶黄色、亮黄色，延生，在黑暗条件下或者夜晚发出荧光。菌柄黄色、亮黄色，基部有时深黄褐色至近黑色。

【生长环境】夏、秋季生于阔叶树树桩或倒木上。

【毒性】有毒。

照片来源 照片由中国林科院热林所梁俊峰研究员2018年8月25日拍摄于楚雄州楚雄市西山公园。

15　鞭囊类脐菇 *Omphalotus flagelliformis* Zhu L. Yang & B. Feng

【形态特征】子实体中等。菌盖呈漏斗形，有时中央有一小凸起，红褐色至褐色。菌肉橘黄色，有不明显的鱼腥味。菌褶延生，淡橘红色或橘黄色，不等长。菌柄淡橘红色或橘黄色。

【生长环境】夏、秋季生于亚热带地表腐殖质或腐木上。

【毒性】有毒。

照片来源 照片由杨祝良教授提供。

16　新假革耳 *Neonothopanus nambi* (Speg.) R.H. Petersen & Krisai

【形态特征】子实体小型。子实体扇形，薄，白色至奶油色，基部浅黄绿色。菌褶延生，白色，稀。菌柄无或很短。

【生长环境】夏、秋季生于树桩上。

【毒性】有毒。

照片来源 照片由李海蛟博士拍摄。

17　欧姆斯乳菇 *Lactarius oomsisiensis* Verbeken & R. Halling

【形态特征】子实体小型至中等。菌盖中心浅凹，表面近干，黄褐色、灰白色、浅灰褐色，中心稍深，边缘常具明显圆齿状缺刻，菌肉淡黄色，伤后缓慢变淡红褐色。菌褶稀而宽，弯生、短延生至延生，灰橙色、褐橙色、浅黄褐色，被乳汁染为淡红色。菌柄表面白霜质感，淡黄色、黄褐色，基部具白色菌丝。乳汁白色，缓慢变淡砖红色，苦辣。

【生长环境】夏、秋季生于热带阔叶林下。

【毒性】有毒。

照片来源 图1、图2由李海蛟博士拍摄。图3、图4由西双版纳州景洪市疾控中心2016年8月5日拍摄于景洪市景讷乡大寨村。图5、图6由西双版纳州勐海县疾控中心2016年8月16日拍摄于勐海县勐满镇纳包村。

43

18　绒边乳菇 *Lactarius pubescens* Fr.

【俗名】奶浆菌。

【形态特征】子实体中等。菌盖白色，中央色渐深呈黄褐色，有细绒毛，不黏，中央脐状，后下凹成漏斗状，边缘内卷或上翘。菌肉白色或浅黄褐色，乳汁白色，不变色，味苦。菌褶白色，老后浅土黄色，厚，稍密，不等长。菌柄白色，有绒毛，短圆柱形，实心，稍偏生。

【生长环境】夏、秋季生于针阔混叶林中地上。

【毒性】有毒。

照片来源 图1由李海蛟博士拍摄。图2、图3由红河州弥勒市疾控中心2016年8月12日拍摄于弥勒市西三镇斗牛场。

19　红褐乳菇 *Lactarius rubrobrunneus* H.T. Le & Nuytinck

【形态特征】子实体小型至中等。菌盖红褐色至深红褐色，中部常凹陷。菌褶白色至奶油色。菌柄浅红褐色。

【生长环境】夏、秋季生于阔叶树林地上。

【毒性】有毒。

照片来源 照片由李海蛟博士2017年8月23日拍摄于临沧市临翔区。

20　窝柄黄乳菇 *Lactarius scrobiculatus* (Scop.) Fr.

【形态特征】子实体大型，粗壮。菌盖深漏斗形，边缘幼时强烈内卷，成熟后下垂，表面黏滑，黄褐色、红褐色、谷黄色，具水浸状环纹。菌褶延生，较密，奶油黄色。菌柄表面赤褐色、淡黄色，光滑，具明显窝斑。菌肉近白色。乳汁白色水样液，少，稍辣。

【生境】夏、秋季在针叶林地上群生或散生。

【毒性】有毒。

照片来源 照片由保山市隆阳区疾控中心2016年8月8日拍摄于隆阳区潞江镇。

21　亚香环乳菇 *Lactarius* aff. *subzonarius* Hongo

【形态特征】子实体小型至中等。
菌盖初突起具下陷的中心，后漏斗
状，湿时褐橙色。菌肉较菌盖色
淡，无红色调。菌褶延生，很密。
菌柄表面干，光滑，基部具糙伏毛
或无毛。乳汁乳白色，具较强的芳
香气味。

【生境】夏、秋季生于针阔混交林
或阔叶林地上。

【毒性】有毒。

照片来源 照片由李海蛟博士2016年8月11日拍摄于楚雄州楚雄市西山公园。

22　拟黄柄多汁乳菇 *Lactifluus pseudoluteopus* (X.H. Wang & Verbeken) X.H. Wang

【形态特征】子实体中等至大型。菌盖平展中凹，淡黄色。菌褶延生，宽而稀，黄白色、黄色，边缘常较两侧色深。菌柄表面绒质感具明显毛绒，常较菌柄黄，基部具亮黄色毛绒。乳汁丰富，白色，轻微染菌褶为褐色，稍苦涩后柔和。

【生境】夏、秋季生于阔叶林地上。

【毒性】有毒。

照片来源 照片由中科院昆植所王向华博士提供。

23 薄囊多汁乳菇 *Lactifluus tenuicystidiatus* (X.H. Wang & Verbeken) X.H. Wang

【形态特征】子实体中等。菌盖平展，中部下凹，表面黄色至黄褐色，绒状。菌肉不辣。菌褶延生，较稀，白色至乳白色。乳汁丰富，白色，无味至稍辣。菌柄圆柱形，白色至米色，绒状或近光滑。

【生境】夏、秋季生于阔叶林地上。

【毒性】有毒。

照片来源 照片由李海蛟博士2016年8月11日拍摄于楚雄州楚雄市西山公园。

24 辣多汁乳菇 *Lactifluus piperatus* (L.) Roussel

【俗名】大白菌、白乳菇、辣乳菇、白多汁乳菇。

【形态特征】子实体中等至大型。菌盖白色、黄白色，中心凹陷，边缘平展。菌褶直生或短延生，白色，极密，常分叉。菌柄圆柱形，向下渐细，实心。乳汁丰富，白色，不变色，偶缓慢变为黄色，不染色，极辣。

【生境】夏、秋季在杂木林腐殖土中群生或散生。

【毒性】有毒。

照片来源 图1由西双版纳州勐海县疾控中心2016年8月9日拍摄于勐海县勐遮镇曼弄村。图2、图3由西双版纳州勐海县疾控中心2016年8月18日拍摄于勐海县打洛镇打洛村。图4由曲靖市马龙县疾控中心2017年8月7日拍摄于马龙县王家庄街道扯度村。图5由曲靖市沾益区疾控中心2017年8月9日拍摄于沾益区炎方乡刘麦地村。

25　暗顶蘑菇 *Agaricus atrodiscus* Linda J. Chen, Callac, R.L. Zhao & K.D. Hyde

【形态特征】子实体中等至大型。菌盖近半球形至凸镜形，老后平展，被灰黑色至褐色细小鳞片，中央色深。菌褶离生，极密，初期白色，后变粉红色至粉褐色，最后变为深褐色。菌柄细长，上粗下细，中空，表面白色，受伤后微变黄色。菌环双层，膜质，白色。

【生境】夏、秋季生于竹林或阔叶树林地上。

【毒性】有毒。

照片来源 照片由昭通市镇雄县疾控中心2021年7月28日拍摄于镇雄县6人中毒现场。

26 球基蘑菇 *Agaricus abruptibulbus* Peck

【形态特征】子实体中等。菌盖白色至浅黄白色，中部颜色深，边缘附有菌幕残片。菌褶离生，初期灰白色，渐变为浅黄褐色，后期呈紫褐色。菌柄圆柱形，基部膨大至近球形。菌环白色，上位，薄膜质。

【生境】夏、秋季在针阔混交林地上群生或散生。

【毒性】有毒。

照片来源 图1～图3由李海蛟博士拍摄。图4、图5由昭通市威信县疾控中心2017年9月12日拍摄于威信县三桃乡新街村。

27 高地口蘑 *Tricholoma highlandense* Zhu L. Yang, X.X. Ding, G. Kost & Rexer

【形态特征】子实体中等至大型。菌盖白色，密被褐色细小鳞片，中部鳞片密。菌褶直生，密，白色至奶油色。菌柄白色至奶油色，基部淡褐色，菌丝白色。

【生境】夏、秋季生于针叶树林地上。

【毒性】有毒。

（照片来源）照片由李海蛟博士2017年9月14日拍摄于大理州宾川县。

28 直立口蘑 *Tricholoma stans* (Fr.) Sacc.

【形态特征】子实体中等至大型。菌盖黄褐色至浅红褐色。菌褶直生，白色至奶油色，密。菌柄表面奶油色至浅黄褐色。

【生境】生于阔叶树林地上。

【毒性】有毒。

照片来源 照片由楚雄州南华县疾控中心2021年11月3日拍摄于2人中毒现场。

29 皂味口蘑 *Tricholoma saponaceum* (Fr.) P. Kumm.

【形态特征】子实体中等至大型。菌盖半球形至近平展，中部稍凸起，幼时白色、污白色，后期带灰褐色或浅绿灰色，边缘向内卷且平滑。菌肉白色，伤处变橘红色，稍厚，有肥皂味。菌褶米色，伤处变红，弯生，不等长，较稀。菌柄白色，被白色至灰色鳞毛，内部松软，基部带有粉红色斑点。

【生境】夏、秋季在阔叶林或针阔混交林中地上群生。

【毒性】有毒。

照片来源 图1、图2由李海蛟博士2015年8月30日拍摄于临沧市临翔区。图3、图4由西双版纳州景洪市疾控中心2015年8月5日拍摄于景洪市景讷乡大寨村。

30 赭红拟口蘑 *Tricholomopsis rutilans* (Schaeff.) Singer

【形态特征】子实体中等至大型。菌盖扁圆形，有短绒毛组成的鳞片，黄褐色、浅砖红色至褐紫红色，中部色较深。菌肉白色带黄，中部厚。菌褶黄色，弯生或近直生，密，不等长。菌柄细长或者粗壮，黄色稍带紫红色，有红褐色或紫红褐色小鳞片，内部松软后变空心，基部稍膨大。

【生境】夏、秋季在针阔混叶林腐木上或腐树桩上群生、丛生或散生。

【毒性】有毒。

照片来源 图1由李海蛟博士2017年8月28日拍摄于楚雄州楚雄市紫溪山。图2、图3由红河州弥勒市疾控中心2016年8月4日拍摄于弥勒市西二镇。

31　丛生垂暮菇 *Hypholoma fasciculare* (Huds.) P. Kumm.

【形态特征】子实体小型。菌盖扁圆形或斗笠形，硫黄色、橙黄色至红褐色，中部色深，幼时光滑，成熟后干燥，有条纹，边缘裂开，菌肉浅黄色，较薄，味极苦。菌褶弯生，极密，硫黄色至橄榄绿色。菌柄细长，圆柱形，弯曲，等粗或顶部稍细，硫黄色、橙黄色至暗红褐色，表面光滑。

【生境】夏、秋季在灌木林、杂木林朽木上丛生。

【毒性】有毒。

照片来源 图1由李海蛟博士2017年9月26日拍摄于保山市腾冲市。图2由德宏州芒市疾控中心2015年8月7日拍摄于芒市忙究水库。

32 砖红垂幕菇 *Hypholoma lateritium* (Schaeff.) P. Kumm.

【形态特征】子实体小型。菌盖半球形至平展，浅茶褐色或红褐色至砖红色。菌肉较厚，味稍苦。菌褶弯生至稍直生，黄白色至灰白色、浅紫褐色。菌柄细长，圆柱形，弯曲，黄白色。

【生境】秋季丛生或簇生于腐烂的阔叶林树木、树桩或腐殖质上。

【毒性】有毒。

照片来源 照片由李海蛟博士拍摄。

33　纯黄白鬼伞 *Leucocoprinus birnbaumii* (Corda) Singer

【形态特征】子实体小型。菌盖幼时呈钟形或斗笠形，成熟后稍平展，表面有一层柠檬黄色粉末，边缘具细长条棱。菌肉黄白色，薄，质脆。菌褶淡黄至白黄色，离生或直生，不等长，稍密，褶缘平滑。菌柄细长，向下渐粗，表面被一层柠檬黄色粉末，内部空心，质脆。菌环位于中上部，易脱落。

【生境】夏、秋季群生或散生于林中地上或家中花盆中。

【毒性】有毒。

照片来源 图1由保山市隆阳区疾控中心2016年8月6日拍摄于隆阳区丙麻乡上庙村。图2～图4由李海蛟博士拍摄。

34 洁丽新香菇 *Neolentinus lepideus* (Fr.) Redhead & Ginns

【形态特征】子实体小型至中等。菌盖幼时半圆形或扁半球形，成熟渐平展或中部下凹，乳白色至浅黄褐色或淡黄色，有深色或浅色大鳞片。菌肉白色或奶油色，干后软木质。菌褶白色至奶油色，干后黄褐色，直生或延生，稍稀，不等长，菌缘锯齿状。菌柄圆柱形，有膜状绒毛，上部色浅与菌盖同色，基部浅褐色，有褐色至黑褐色鳞片。

【生境】夏、秋季生于针叶树的腐木上。

【毒性】有毒。

照片来源 照片由李海蛟博士2017年9月26日拍摄于保山市腾冲市。

35　晶粒小鬼伞 *Coprinellus micaceus* (Bull.) Vilgalys, Hopple & Jacq. Johnson

【形态特征】子实体小型。菌盖幼时卵形至钟形，后期平展，成熟后盖缘向上翻卷，淡黄色、黄褐色、红褐色至赭褐色；幼时有白色颗粒状晶体，后渐消失。菌肉白色或淡赭褐色，薄，易碎。菌褶幼时米黄色，后转为黑色。菌柄圆柱形，淡黄色，较粗，脆，空心。

【生境】春至秋季生于阔叶林地上。

【毒性】有毒。

照片来源 照片由李海蛟博士拍摄。

36 墨汁拟鬼伞 *Coprinopsis atramentaria* (Bull.) Redhead，Vilgalys & Moncalvo

【形态特征】子实体小型。菌盖幼时卵圆形，后期展开呈钟形至圆锥形，成熟后盖缘向上翻卷，黄褐色、灰褐色；幼时有白色颗粒状晶体，后渐消失。菌肉白色，后变为灰白色，薄，易碎。菌褶幼时白色至灰白色，后渐变成灰黑色或黑色。菌柄圆柱形，向下渐粗，白色至灰白色，表面光滑或有纤维状小鳞片，空心，脆。

【生境】春至秋季丛生或群生于阔叶林地上。

【毒性】有毒。

照片来源 照片由李海蛟博士拍摄。

37　毛头鬼伞 *Coprinus comatus* (O.F. Müll.) Pers.

【俗名】鸡腿菇、刺蘑菇。

【形态特征】子实体中等至大型。菌盖初期呈圆筒形，连菌柄状似火鸡腿，故名鸡腿菇；后期呈钟形，表皮裂开，成为平伏而反卷的鳞片；初期白色，中期淡锈色，后期色渐加深。菌肉白色，薄。菌褶密集，与菌柄离生，白色，后变黑色。菌柄白色或灰白色，有丝状光泽，纤维质，基部稍粗。菌环白色，脆薄，可以上下移动，易脱落。

【生境】夏、秋季在田野、草地、果园腐殖质中单生或丛生。

【毒性】有毒。

照片来源 照片由保山市腾冲市疾控中心2016年7月31日拍摄于腾冲市滇滩镇大黑山。

38 栎裸脚菇 *Gymnopus dryophilus* (Bull.) Murrill

【形态特征】子实体小型。菌盖幼时凸镜形，后期展开，米黄色或浅褐色，中部颜色稍深，中央稍凹或稍凸，表面光滑，黏，边缘微上卷或平展。菌肉白色，伤不变色。菌褶浅褐色，窄，稀，不等长，近离生。菌柄细长，黄褐色，光滑，等粗，内部空心。

【生境】夏、秋季簇生于在针阔混交林地上。

【毒性】有毒。

照片来源 图1由保山市腾冲市疾控中心2016年7月20日拍摄于腾冲市马站乡白草坝。图2、图3由李海蛟博士拍摄。

39　烧地鳞伞 *Pholiota highlandensis* (Peck) Quadr. & Lunghini

【形态特征】子实体小型。菌盖初期凸镜形，后期渐展开，表面黏，黄褐色或红褐色。菌肉薄，与菌盖同色。菌褶直生或弯生，黄褐色、宽、密，褶缘平或破裂。菌柄圆柱形，细长，黄褐色或深褐色，有纤维状鳞片。菌环位于上方，浅黄色或黄褐色，易脱落。

【生境】夏、秋季针阔混交林地上群生或散生。

【毒性】有毒。

照片来源 照片由李海蛟博士拍摄。

40 多瓣鳞伞 *Pholiota multicingulata* E. Horak

【形态特征】子实体小型。菌盖初期凸镜形，后平展至边缘上翘，表面黏，水浸状，黄褐色至红褐色，中央色深。菌褶密，初浅黄褐色，后褐色。菌柄上部黄褐色，下部黄褐色至红褐色。

【生境】夏、秋季生于针叶树或针阔混交林地上。

【毒性】有毒。

照片来源 照片由李海蛟博士拍摄。

41　地鳞伞 *Pholiota terrestris* Overh.

【形态特征】子实体小型。菌盖凸镜形或稍平展，黄褐色或褐色，表面有褐色毛绒状鳞片。菌肉厚，黄褐色。菌褶直生，密，窄，初期色淡，后期黄褐色至深褐色，边缘不齐。菌柄圆柱形，黄褐色或褐色，初为实心，后变空心。菌环上位，菌环以上有白色粉末，菌环以下有反卷的暗色鳞片。

【生境】春至秋季在林中或路旁地上丛生。

【毒性】有毒。

照片来源 图1、图2分别由李海蛟博士2015年9月1日拍摄于临沧市、2016年6月29日拍摄于大理市。

42 覆瓦网褶菌 *Pseudomerulius curtisii* (Berk.) Redhead & Ginns

【形态特征】子实体小型。菌盖初期近圆形或平展，后期贝状、半圆形或扇形，似瓦片状重叠生长；橙黄色至橘黄色，被褐色小鳞片，表面干燥，老熟后边缘常呈锈红色斑片状，边缘波状或瓣裂。菌肉薄，白色至污白色，干后浅黄褐色至暗褐色。菌褶黄色或橙黄色，延生，密而窄，弯曲，往往靠近基部交织成网状。菌柄短或无。

【生境】秋季在杂木林腐木上单生、群生或叠生。

【毒性】有毒。

照片来源 照片由保山市昌宁县疾控中心2017年7月31日拍摄于昌宁县更戛乡更戛村。

43　毛柄网褶菌 *Tapinella atrotomentosa* (Batsch) Šutara

【俗称】黑毛桩菇。

【形态特征】子实体中等至大型。菌盖浅黄褐色至黄褐色，被深褐色至黑褐色短绒毛，多呈漏斗形，边缘内卷。菌褶至少在靠近菌柄基部呈波纹状。菌柄密被长的黑褐色绒毛。

【生境】夏、秋季生于松林树桩上。

【毒性】有毒。

🅟🅗🅞🅣🅞来源 照片由李海蛟博士拍摄。

44 耳状网褶菌 *Tapinella panuoides* (Fr.) E.-J. Gilbert

【俗名】树根菌。

【形态特征】子实体小型至大型。菌盖浅黄褐色至黄褐色，扇形，边缘内卷。菌褶至少在靠近菌柄基部呈波纹状。菌柄短或无。

【生境】夏、秋季在针叶树腐木上群生或叠生。

【毒性】有毒。

照片来源 图1由保山市施甸县疾控中心2017年8月11日拍摄于施甸县老麦乡茨桶村。图2由保山市昌宁县疾控中心2017年7月8日拍摄于昌宁县田园镇龙泉村。图3由李海蛟博士拍摄。

45　假红柄薄瓤牛肝菌 *Baorangia pseudocalopus* (Hongo) G. Wu & Zhu L. Yang

【形态特征】子实体中等至大型。菌盖密被灰红色、灰褐色或灰红色鳞片，边缘稍内卷。菌肉淡黄色，受伤后变为淡蓝色。菌管表面淡黄色，受伤后变为灰蓝色。菌柄圆柱形、短、粗，顶部黄色并有网纹，中、下部紫红色或淡紫红色。

【生境】夏、秋季生于阔叶树或针阔混叶林中地上。

【毒性】有毒。

照片来源 照片由刘晓斌博士提供。

46 大果薄瓢牛肝菌 *Baorangia major* Raspé & Vadthanarat

【形态特征】子实体大型。菌盖初期半球形至凸镜形，后凸镜形至平展，干，暗淡，被小绒毛状，灰红色至深灰红色，少数灰粉色，有浅色斑块，老后色浅。菌肉厚，白色至浅黄色，伤后变蓝。菌孔黄色，伤后迅速变蓝。菌柄灰白色至酒红色，内部伤后迅速变蓝。

【生境】夏季生于阔叶树林地上。

【毒性】有毒。

照片来源 照片由福建省南平市疾控中心张芝平主任提供。

47　木生条孢牛肝菌 *Boletellus emodensis* (Berk.) Singer

【形态特征】子实体中等至大型。菌盖扁平至平展，暗红色，成熟后裂成大鳞片。菌肉淡黄色，伤后变蓝色。菌管与管口黄色，伤后变蓝色。菌柄圆柱形，顶部淡黄色，下部与菌盖同色，无网纹。

【生境】夏、秋季生于林中腐树桩或腐木上。

【毒性】有毒。

照片来源 照片由李海蛟博士2018年8月1日拍摄于普洱市。

48　隐纹条孢牛肝菌 *Boletellus indistinctus* G. Wu, Fang Li & Zhu L. Yang

【形态特征】子实体小型至中等。菌盖凸镜形至平展，浅红色至玫瑰红色，幼时具绒毛，成熟后近光滑。菌肉奶油色至浅黄色，伤后变蓝。菌管和管口浅黄色，伤后迅速变深蓝色。菌柄表面浅红褐色，有时上部具微弱的网纹，基部菌丝白色至奶油色，内部菌肉浅黄色，伤后变蓝。

【生境】夏、秋季生于以壳斗科为主的阔叶树林地上。

【毒性】有毒。

照片来源 照片由李海蛟博士拍摄。

49　毡盖美柄牛肝菌 *Caloboletus panniformis* (Taneyama & Har. Takah.) Vizzini

【形态特征】子实体中等至大型。菌盖半球形至扁半球形，表面干燥，粉红色、粉蔷薇红色，密被灰褐色、褐色至红褐色的毡状至绒状鳞片，盖缘微下卷。盖肉厚，坚脆，淡黄色，渐变淡蓝色，味苦。菌管黄色，伤后变蓝，后转污褐。菌柄圆柱形，上部柠檬黄色；中下部红色有长条网纹，或被不规则的细小鳞片；基部菌丝淡黄色或污白色。

【生境】夏、秋季生于混交林中地上。

【毒性】有毒。

照片来源 照片由保山市施甸县疾控中心2017年8月3日拍摄于施甸县酒房乡梅子箐村。

50 绿盖裘氏牛肝菌 *Chiua virens* (W.F. Chiu) Yan C. Li & Zhu L. Yang

【形态特征】子实体小型至中等。菌盖幼时绿色、深绿色至橄榄绿色，成熟后黄绿色至芥末黄色。菌肉黄色至亮黄色，伤后不变色。菌柄上部黄色至芥末黄色，靠近基部亮黄色至铬黄色。

【生境】夏、秋季生于针叶林或针阔混交林地上。

【毒性】有毒。

照片来源 照片由李海蛟博士拍摄。

51 栗色圆孔牛肝菌参考种 *Gyroporus* cf. *castaneus* (Bull.) Quél.

【形态特征】子实体小型。菌盖扁半球形至平展，栗褐色、褐色、肉桂色，边缘色淡，成熟后常表皮龟裂。菌管及孔口初期米色至淡黄色，成熟后污黄色。菌柄近圆柱形，向下渐粗，与菌盖表面同色，被细小鳞片，内部近中空，基部有淡粉红色菌丝体。各部位伤不变色。

【生境】夏、秋季生于针叶林或针阔混交林中地上。

【毒性】对有些人有毒，建议不食用。

照片来源 图1由李海蛟博士2017年9月28日拍摄于保山市腾冲市。图2～图4由保山市施甸县疾控中心2017年8月2日拍摄于施甸县甸阳镇白龙水村。

52　长柄网孢牛肝菌 *Heimioporus gaojiaocong* N.K. Zeng & Zhu L. Yang

【**俗名**】高脚葱。

【**形态特征**】子实体小型至中等。菌盖幼时球形近半球形，成熟后近球形、扁平至平展，淡红色、灰红色至淡褐红色。子实层体弯生，菌盖内面黄油黄至玉米黄色，伤后不变色。菌柄表面黄油黄至玉米黄，老后呈淡橘色、橘色或灰橘色，向下呈淡红色至灰红色，被有黄色至淡红色网纹，有时网纹不完整而成纵条纹状。

【**生境**】夏、秋季生于云南松或壳斗科与云南松混交林地上。

【**毒性**】有毒。

照片来源 照片由李海蛟博士2015年、2017年7～8月拍摄于玉溪市。

53　毒新牛肝菌 *Neoboletus venenatus* (Nagas.) G. Wu & Zhu L. Yang

【形态特征】子实体中等至大型。菌盖黄褐色，有绒质感，边缘表皮稍延生。菌肉黄色或米黄色，伤后迅速变暗蓝色。菌管淡黄色或黄褐色，伤后先变为蓝色后转为褐色。菌柄与菌盖基本同色，近光滑，顶部有不清晰网纹，基部有黄色菌丝。

【生境】夏、秋季在亚热带针叶林地上生长。

【毒性】有毒。

照片来源 照片由李海蛟博士拍摄，2021年9月19日迪庆州香格里拉7人中毒。

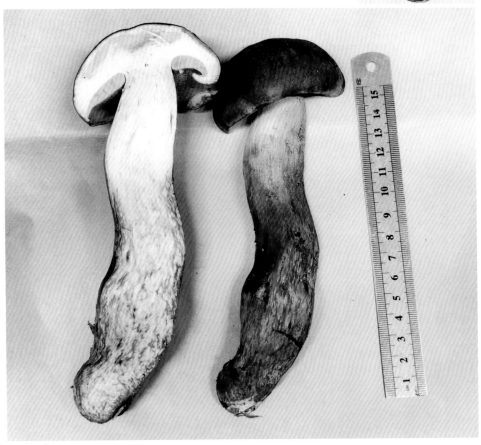

54 大孢粉末牛肝菌 *Pulveroboletus macrosporus* G. Wu & Zhu L. Yang

【形态特征】子实体小型、中等至大型。菌盖近球形至凸镜形，后平展。菌盖表面奶油色、玉米黄色、浅橙色至黄红色，被同色粉末状至粗麸糠状鳞片，表面粉末状鳞片被雨水冲刷掉后呈浅粉色至粉色。菌肉白色至奶油色，伤后迅速变为浅蓝色。管口和菌管黄色，伤后迅速变深蓝色。菌柄表面浅黄色、黄色至杏黄色、硫黄色，被粉末状鳞片，菌柄浅黄色至亮黄色，伤后不变色。基部菌丝奶油色。

【生境】夏季生于云南松或云南松与壳斗科为主的混交林地上。

【毒性】有毒。

照片来源 图1、图2由李海蛟博士拍摄。图3、图4由曲靖市沾益区疾控中心2017年8月4日拍摄于沾益区播乐乡水田村。

55 褐点粉末牛肝菌 *Pulveroboletus brunneopunctatus* G. Wu & Zhu L. Yang

【形态特征】子实体小型至中等。菌盖近球形至凸镜形，后平展。幼时被硫黄色菌幕完全包裹，后菌幕消失，菌盖表面留有鳞片状菌幕残余，硫黄色，有时老后变黄褐色。菌肉白色，受伤微变蓝色。管口黄色，后浅褐色、褐色至红褐色，伤后变蓝。菌管黄色，伤后变蓝。菌柄表面硫黄色，被密集的硫黄色鳞片，菌柄黄白色至白色，伤后微变蓝；基部菌丝白色至黄白色。

【生境】夏、秋季生于以壳斗科为主的林中地上。

【毒性】有毒。

照片来源 照片由李海蛟博士2019年7月29日拍摄于德宏州瑞丽市。

56 宽孢红孔牛肝菌 *Rubroboletus latisporus* Kuan Zhao et Zhu L. Yang

【形态特征】子实体中等。菌盖血红色，湿时较黏。菌肉白色至米色，受伤后立即变蓝色，之后缓慢恢复至本色。菌管黄色或橄榄绿色，受伤后立即变蓝色，之后缓慢恢复至本色。菌柄短粗，被有褐色鳞片，上部黄色有黄色网纹，底部土红色。

【生境】夏、秋季生于亚热带针叶林或针阔混交林中地上。

【毒性】生食有毒，可能致幻，煮熟后方可食用。

照片来源 照片由李海蛟博士拍摄。

57 红孔牛肝菌 *Rubroboletus sinicus* (W.F. Chiu) Kuan Zhao & Zhu L. Yang

【形态特征】子实体中等。菌盖淡红色、砖红色至暗红色。菌肉米黄色，受伤后变淡蓝色。菌管淡黄色，受伤后变为蓝色。菌柄短粗底部膨大，表面淡黄色至奶油色；顶端黄色，被红色网纹，受伤后先变为蓝色后变为近黑色。

【生境】夏、秋季生于亚热带针叶林或针阔混交林中地上。

【毒性】生食有毒，可能致幻，煮熟后方可食用。

照片来源 照片由吴刚博士提供。

58　褐环乳牛肝菌 *Suillus luteus* (L.) Roussel

【俗名】滑牛头。

【形态特征】子实体小型至中等。菌盖幼时半球形，成熟后扁平，黄褐色至深褐色，表面黏。菌肉乳白色至淡黄色，较厚。菌管稍延生，污黄色，放射状排列。菌柄白色、污黄褐色，基部稍膨大。菌环中上部，膜质，白色。

【生境】夏、秋季在灌木林、杂木林草地上散生或群生。

【毒性】有毒。

照片来源 图1由保山市龙陵县疾控中心2017年8月7日拍摄于龙陵县龙新乡酱塘坡。图2由文山州麻栗坡县疾控中心2017年7月27日拍摄于麻栗坡县马街乡河坝。图3由李海蛟博士拍摄。图4由保山市隆阳区疾控中心2016年8月5日拍摄于隆阳区瓦渡乡。

59 松林乳牛肝菌 *Suillus pinetorum* (W.F. Chiu) H. Engel & Klofac

【俗名】滑牛肚。

【形态特征】子实体小型至中等。菌盖红褐色、淡褐色，光滑，湿时较黏。菌肉淡黄色，伤后不变色。菌管管口较大，辐射状排列。菌柄淡黄色，表面被褐色细小鳞片。

【生境】夏、秋季在针叶林地上散生或群生。

【毒性】有毒。

照片来源 照片由曲靖市马龙县疾控中心2017年8月31日拍摄于马龙县张安屯街道沿口水库。

60　虎皮乳牛肝菌 *Suillus polypictus* (Peck) A.H. Smith & Thiers

【俗名】鬼菌、麻母鸡。

【形态特征】子实体小型至中等。菌盖幼时扁半球形，成熟后扁平，盖面干，淡黄褐色或焦黄色。菌肉厚，淡黄色或乳黄色，伤后微变红。菌管直生至延生，淡黄色、黄褐色，后变暗，伤后变为灰褐色。菌柄圆柱形，向下稍细，粗糙，具深褐色绒毛状鳞片，内实；柄之上部有残存菌环，初期浅粉红色，后褪色呈灰色，并有网纹。

【生境】夏、秋季在松树林草地上散生或群生。

【毒性】有毒。

照片来源 图1由红河州弥勒市疾控中心2016年8月4日拍摄于弥勒市西二镇。图2由保山市昌宁县疾控中心2017年8月4日拍摄于昌宁县温泉镇松山村。图3由保山市施甸县疾控中心2017年8月6日拍摄于施甸县太平镇太平村。图4由曲靖市沾益区疾控中心2017年8月6日拍摄于沾益区白水镇马场村。

61　黄白乳牛肝菌 *Suillus placidus* (Bonord.) Singer

【俗名】滑牛肚、松华菌、黄牛肚。

【形态特征】子实体小型至中等。菌盖幼时半圆形，成熟后渐平展，白色、米黄色、肉色，湿时黏滑。菌肉白色、米色至淡黄色，伤不变色。菌管直生至延生，表面白色至淡黄色。菌柄短粗，表面被乳白至淡黄色，老时暗褐色的细点。

【生境】夏、秋季在针叶林中地上单生、散生至群生。

【毒性】有毒。

照片来源 图1、图2由保山市隆阳区疾控中心2016年8月8日拍摄于隆阳区潞江镇。图3由保山市腾冲市疾控中心2016年7月2日拍摄于腾冲市马站乡白草坝。图4由曲靖市沾益区疾控中心2017年7月31日拍摄于沾益区盘江镇河西村。图5由李海蛟博士拍摄。

62　铅紫异色牛肝菌 *Sutorius eximius* (Peck) Halling, Nuhn & Osmundson

【形态特征】子实体中等至大型。菌盖暗紫色、铅紫色，湿时稍黏。菌肉受伤不变色。菌管淡紫色或淡肉色。菌柄圆柱形，紫灰色或灰色，密被紫色或紫褐色细小鳞片。

【生境】夏、秋季生于针叶林中地上。

【毒性】有毒。

照片来源 图1～图3由昭通市威信县疾控中心2017年9月11日拍摄于威信县扎西镇干河村田坝社后山。图4由文山州丘北县疾控中心2017年8月12日拍摄于丘北县八道哨乡猫猫冲村。

63　新苦粉孢牛肝菌 *Tylopilus neofelleus* Hongo

【俗名】羊肝菌、白牛肝。

【形态特征】子实体中等至大型。菌盖扁圆形，浅紫罗兰色至褐色，表面光滑。菌肉白色至污白色，受伤不变色，味苦。菌管与孔口淡粉色，受伤不变色。菌柄褐色，圆柱形，向下渐粗；上部色浅，下部色深；光滑，不具网纹；基部有白色菌丝体。

【生境】夏、秋季生于针叶林或针阔混交林中地上。

【毒性】有毒。

照片来源 图1、图2分别由曲靖市沾益区疾控中心2017年8月9日拍摄于沾益区炎方乡刘麦地村麻地山，2017年7月31日拍摄于沾益区盘江乡河西村二井山。图3、图4由红河州弥勒市疾控中心2016年7月19日拍摄于弥勒市朋普镇。

64　毛钉菇 *Gomphus floccosus* (Schwein.) Singer

【俗名】吹打菌。

【形态特征】子实体小型。菌盖喇叭状，黄色至橘红色，被红色鳞片，中央下凹至菌柄基部。菌褶较窄，呈皱褶状，延生，不等长，分叉多，污白色至淡黄色。菌柄较短，污白色至淡黄色。

【生境】夏、秋季在针叶林地上群生或散生。

【毒性】有毒。

照片来源 图1由保山市龙陵县疾控中心2017年8月4日拍摄于龙陵县碧寨乡摆达吴老石山。图2、图3由保山市龙陵县疾控中心2017年8月6日拍摄于龙陵县勐糯镇丛岗大河洼。

65   东方钉菇 *Gomphus orientalis* R.H. Petersen & M. Zang

【形态特征】子实体中等。菌盖边缘波状，淡紫色或淡褐色，被小鳞片，中央稍下陷。菌褶皱褶状，延生，淡紫色或淡褐色。菌柄短粗，灰褐色或紫褐色。

【生境】夏、秋季生于针叶林地上。

【毒性】有毒。

照片来源 图1由楚雄州疾控中心徐梅琼提供（2018年8月22日）。图2、图3三由德宏州陇川县人民医院雷云龙供图（2020年7月26日）。

66　纤细枝瑚菌 *Ramaria gracilis* (Pers.) Quél.

【俗名】扫把菌。

【形态特征】子实体小型至中等。整体呈扫帚状，黄色、黄褐色。菌柄较短，似根状。由主枝伸展为较多分枝，分枝向上逐渐变细。

【生境】夏、秋季散生或簇生于阔叶林或混交林中地上。

【毒性】有毒。

照片来源 照片由李天宏提供，2021年8月28日保山市施甸县发生1人中毒。

67　光硬皮马勃 *Scleroderma cepa* Pers.

【俗名】马皮泡。

【形态特征】子实体小型。菌体近球形，黄褐色，有黄褐色、土黄色裂片状鳞片，基部常有根状菌索。包被剖面初白色至带粉红色，伤后变红褐色至深褐色，干后变薄，后期呈不规则开裂，外包被则外卷。

【生境】夏、秋季散生或群生于林中地上。

【毒性】有毒。

🅿️照片来源 照片由保山市施甸县疾控中心李天宏提供。

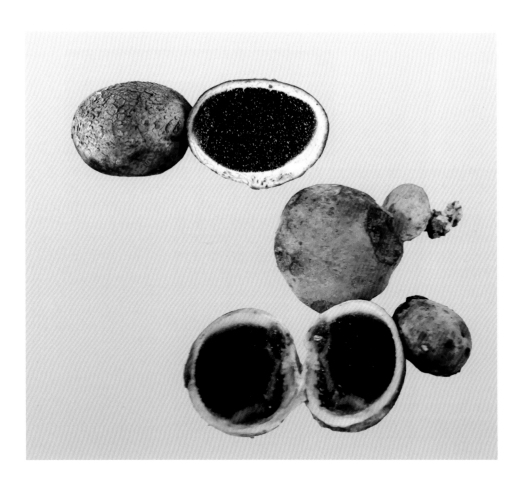

68 毒硬皮马勃大孢变种 *Scleroderma venenatum* var. *macrosporum* Y.Z. Zhang, C.Y. Sun & Hai J. Li

【俗名】马皮泡。

【形态特征】子实体小型，球状。菌盖黄褐色，表面密被褐色小鳞片。内部初白色，后灰色至灰黑色。基部菌丝白色。

【生境】夏、秋季生于阔叶树林地上。

【毒性】有毒。

照片来源 照片由李海蛟博士2015年8月29日拍摄于保山市腾冲市。

69　橙黄网孢盘菌 *Aleuria aurantia* (Pers.) Fuckel

【形态特征】子囊果小型。子囊盘浅杯形至盘形，无柄。子实层表面橘红色至橘黄色，光滑，菌肉脆骨质。

【生境】夏、秋季生于阔叶林地上。

【毒性】有毒。

照片来源 照片由保山市腾冲市疾控中心2016年7月20日拍摄于腾冲市马站乡白草坝。

第五节　神经精神型毒菌

1　环鳞鹅膏 *Amanita concentrica* T. Oda, C. Tanaka & Tsuda

【形态特征】子实体中等至大型。菌盖幼时半球形，后扁平至平展；菌盖表面白色至污白色，被锥状、角锥状鳞片，有时疣状至颗粒状，白色、污白色，偶浅黄色至浅褐色。菌肉白色，近表皮处污白色。菌褶离生，白色，较密，不等长，短菌褶近菌柄端多平截。菌柄白色，常被白色鳞片，菌环中上位，有时随着菌盖伸展而撕裂；菌柄基部膨大呈卵状至近球状，被白色至污白色的锥状、疣状至颗粒状菌幕残余，它们常呈同心环状排列。

【生境】夏、秋季生于壳斗科林地上。

【毒性】有毒。

照片来源 照片来源于普洱市疾控中心张敏老师，2022年6月15日普洱市澜沧县2人中毒。

2　小托柄鹅膏 *Amanita farinosa* Schwein.

【形态特征】子实体小型。菌盖初期半球形，后平展，成熟后反翘，浅灰色或浅褐色，边缘有长棱纹。菌肉白色。菌褶与菌盖基本同色，较密。菌柄近圆柱形，白色，基部膨大，呈球形或卵形，被有灰色或褐灰色粉状物。无菌环。

【生境】夏、秋季生于混交林中地上。

【毒性】记载有毒。

照片来源 图1由保山市施甸县疾控中心2017年8月5日拍摄于施甸县甸阳镇白龙水村吴家大山。图2由李海蛟博士拍摄。图3由李海蛟博士2017年9月12日拍摄于大理州宾川县鸡足山。

3 黄豹斑鹅膏 *Amanita flavopantherina* Yang-Yang Cui, Qing Cai & Zhu L. Yang

【形态特征】子实体中等至大型。菌盖平凸形至平展，黄褐色、褐色至深褐色，被锥状、角锥状、近疣状至近锥状鳞片，淡黄色。菌褶离生，密，白色，小菌褶近菌柄端平截。菌柄白色，菌环中上位，膜质，基部膨大，菌幕残余常呈环状排列。

【生境】夏、秋季生于亚高山以冷杉和云杉为主的林地上。

【毒性】有毒。

照片来源 照片由李海蛟博士拍摄。

4 蜜白鹅膏 *Amanita melleialba* Zhu L. Yang, Qing Cai & Yang-Yang Cui

【形态特征】子实体小型。菌盖表面中央蜜黄色至黄色，向边缘变浅，浅黄色至白色；被锥状至疣状鳞片，白色至浅黄色。菌肉白色，伤后不变色。菌褶离生，密，白色至奶油色，小菌褶近菌柄端平截。菌柄白色，菌环上位，膜质，基部膨大。

【生境】夏、秋季生于亚热带以壳斗科为主的阔叶林地上。

【毒性】有毒。

照片来源 照片由楚雄州人民医院钟加菊老师提供。

5 东方黄盖鹅膏 *Amanita orientigemmata* Zhu L. Yang & Yoshim. Doi

【形态特征】子实体小型至中等。菌盖初时半球形后渐平展，黄色或淡黄色，中部凸起色稍深，被白色或污白色毡状、碎片状、疣状鳞片，边缘有短沟纹。菌褶离生，白色或米色，不等长。菌柄近圆柱形，米色或白色；基部近球状，被有白色或淡黄色的破布状、碎片状鳞片。菌环上位，白色，膜质，易脱落。

【生境】夏、秋季在针阔混交林中地上生长。

【毒性】有毒。

照片来源 照片分别由李海蛟博士2013年9月7日、2015年8月4日拍摄于楚雄州。

6　小豹斑鹅膏 *Amanita parvipantherina* Zhu L. Yang, M. Weiss & Oberw.

【形态特征】子实体小型至中等。菌盖扁圆形，浅黄色、黄色至淡褐色，被米色、白色、污白色或淡灰色的角锥状鳞片，边缘有沟纹。菌肉白色，伤不变色。菌褶离生至近离生，白色至米色，稍密，不等长。菌柄近圆柱形，淡黄色、米色至白色，被米色、白色、淡黄色或淡灰色鳞片，基部膨大近球形至卵形。菌环较小，上位，膜质，白色或米色。

【生境】夏、秋季生于针阔混交林地上。

【毒性】有毒。

照片来源 图1、图2由保山市昌宁县疾控中心2017年7月11日拍摄于昌宁县耇街乡打平村跳神家地。图3、图4由保山市隆阳区疾控中心2016年8月8日拍摄于隆阳区板桥镇李家寺山。

7 假豹斑鹅膏 *Amanita pseudopantherina* Zhu L. Yang ex Yang-Yang Cui, Qing Cai & Zhu L. Yang

【形态特征】子实体中等至大型。菌盖平凸形至平展，黄褐色至褐色，被白色、污白色的角锥状、疣状、近圆锥状鳞片，边缘有沟纹。菌肉白色，伤不变色。菌褶离生，密，白色，不等长，小菌褶近菌柄端平截。菌柄近圆柱形，污白色至白色，偶尔带黄色调，基部球形至近球形，与菌柄交界处呈领口状。菌环上位，膜质，白色，边缘浅褐色至褐色。

【生境】夏、秋季生于松科和壳斗科为主的混交林地上。

【毒性】有毒。

照片来源 照片由杨祝良教授2013年8月4日拍摄于大理州宾川县鸡足山。

8　红托鹅膏 *Amanita rubrovolvata* S. Imai

【形态特征】子实体小型。菌盖初期半球形或近钟形，后扁平至平展，橘红色，边缘橘黄色，表面被一层粉状、疣状小鳞片，盖边缘有细条棱。菌肉白色，较薄，伤不变色。菌褶白色至黄白色，离生，不等长，较密。菌柄细长，圆柱形，表面同盖色，基部膨大呈棒状，有明显的橘红色粉质鳞片，内部松软。菌环上位，膜质，黄白色。菌托不明显或在柄之基部残留橘红色环状物。

【生境】夏、秋季在阔叶林或针阔混交林地上散生。

【毒性】有毒。

照片来源 图1由西双版纳州景洪市疾控中心2016年7月31日拍摄于景洪市普文镇213国道630千米标志处后山上。图2由西双版纳州勐海县疾控中心2016年8月9日拍摄于勐遮镇曼弄村勐邦水库。图3由李海蛟博士2015年8月21日拍摄于临沧市云县茂兰镇。图4由李海蛟博士2017年9月27日拍摄于保山市腾冲市。

9 土红鹅膏 *Amanita rufoferruginea* Hongo

【形态特征】子实体中等至大型。菌盖初期半球形后近平展，黄褐色，被土
红色、橘红褐色至皮革褐色的粉末状至絮状鳞片。菌肉白色，伤不变色。菌
褶离生，白色。菌柄圆柱形，与菌盖基本同色，密被土红色、锈红色粉末状
鳞片，基部膨大，被絮状至粉末状鳞片。菌环上位，膜质，易破碎而脱落。

【生境】夏、秋季散生于针阔混交林中地上。

【毒性】有毒。

照片来源 图1、图2由保山市腾冲市疾控中心2016年7月20日拍摄于腾冲市马站乡白草
坝。图3、图4由西双版纳州景洪市疾控中心2016年7月31日拍摄于景洪市普文镇213国道630
千米标志处后山上。图5、图6分别由李海蛟博士2013年9月3日拍摄于玉溪市华宁县、2016
年8月14日拍摄于楚雄州。

10　黄鳞鹅膏 *Amanita subfrostiana* Zhu L. Yang

【形态特征】子实体小型至中等。菌盖幼时呈半球形，后扁平或近平展，红色、橘红色，中部色深，被黄色、淡黄色或橘红色粉末状、絮状至毡状鳞片，边缘有长沟纹。菌肉白色。菌褶离生，白色或米色。菌柄米色或白色，基部球状至卵状，被淡黄色的粉末状或絮状鳞片。菌环上位，膜质，白色至淡黄色。

【生境】夏、秋季在亚热带针叶林或针阔混交林中地上散生或群生。

【毒性】有毒。

🅟🅗🅞🅣🅞 照片由保山市腾冲市疾控中心2016年7月20日拍摄于腾冲市马站乡白草坝。

11 球基鹅膏 *Amanita subglobosa* Zhu L. Yang

【形态特征】子实体中等。菌盖初期球形，后平展，中部稍凹，淡褐色至琥珀褐色，中部色深，被白色至淡黄色的角锥状至疣状鳞片，边缘有沟纹。菌褶离生，白色或米色。菌柄近圆柱形，向上渐细，米色至白色；基部近球状，被白色、淡黄色颗粒状至粉末状鳞片。菌环中上位，膜质，白色。

【生境】夏、秋季生于混交林中地上。

【毒性】有毒。

照片来源 图1由楚雄州牟定县疾控中心2015年9月1日拍摄于牟定县安乐乡纳据村。图2、图3由红河州建水县疾控中心2016年8月1日拍摄于建水县面甸镇红田村龙树山。图4由德宏州芒市疾控中心2015年8月18日拍摄于芒市西山乡毛讲村。图5由李海蛟博士2015年7月31日拍摄于楚雄州禄丰县广通镇西堡桥村。

12 亚小豹斑鹅膏 *Amanita subparvipantherina* Zhu L. Yang, Q. Cai & Y.Y. Cui

【俗名】丝丝菌。

【形态特征】子实体中等。菌盖平凸形至平展，黄褐色、褐色至深褐色，边缘色浅，被圆锥状至颗粒状鳞片，污白色，浅灰色至浅褐色，边缘有沟纹。菌肉白色，伤不变色。菌褶离生，白色至米色，密，不等长，小菌褶近菌柄端平截。菌柄近圆柱形，白色，基部膨大近球形，上部被近圆锥状至颗粒状鳞片，浅灰色至浅褐色。菌环上位，膜质，白色。

【生境】夏、秋季生于松林或由松科和壳斗科组成的混交林地上。

【毒性】有毒。

照片来源 图1、图2由李海蛟博士2019年8月17日拍摄于楚雄州楚雄市紫溪山公园。图3由保山市昌宁县疾控中心2017年7月8日拍摄于昌宁县龙泉粗村红泥塘山。

13 残托鹅膏有环变型 *Amanita sychnopyramis* f. *subannulata* Hongo

【形态特征】子实体小型至中等。菌盖淡褐色、灰褐色或深褐色，被白色、米色或淡灰色的锥状鳞片，边缘有长沟纹。菌肉白色，伤不变色。菌褶离生，白色，稀，不等长。菌柄米色或白色，基部膨大，被有米色、淡黄色或淡灰色粉状、颗粒状鳞片。菌环位于菌柄中部，白色或米色，膜质。

【生境】夏、秋季生于亚热带针阔混交林中地上。

【毒性】有毒。

照片来源 图1由陈作红教授供图。图2由李海蛟博士拍摄。

14　格纹鹅膏 *Amanita fritillaria* Sacc.

【形态特征】子实体小型至中等。菌盖幼时近半球形，后扁平至平展，浅灰色或浅褐色，有辐射状纤丝花纹，有深灰色或近黑色鳞片。菌肉白色，受伤后不变色。菌褶离生，白色，较密，不等长。菌柄近圆柱形或向上稍变细，白色或污白色，被灰色或褐色鳞片，内部实心至松软，白色，受伤不变色，基部膨大近球形或梭形。菌环上位，白色，不规整，薄片状。

【生境】夏、秋季在针叶林阔叶林中地上散生或群生。

【毒性】记载有毒。

照片来源 图1～图3分别由李海蛟博士2013年9月7日拍摄于玉溪市华宁县、2013年9月4日拍摄于楚雄州、2016年8月12日拍摄于楚雄州。图4、图5分别由保山市昌宁县疾控中心2017年7月7日拍摄于昌宁县田园镇九甲村大白坟山、2017年7月13日拍摄于昌宁县翁堵镇翁堵村明山。图6由保山市施甸县疾控中心2017年8月5日拍摄于施甸县旧城乡新街村滚豆水。

15　红褐鹅膏 *Amanita orsonii* Ash. Kumar & T.N. Lakh.

【形态特征】子实体小型至中等。菌盖幼时扁半球形，后平展，红褐色或黄褐色，中部色深，被污白色或灰褐色的锥状、疣状、颗粒状鳞片，边缘有短沟纹。菌肉白色，伤后变淡红褐色。菌褶离生，白色，稍密，不等长。菌柄圆柱形，白色至浅褐色，被有白色、浅褐色碎片状、疣状鳞片，底部渐粗；基部膨大近球形。菌环上位，膜质，与菌柄同色。菌托环带状，浅褐色。

【生境】夏、秋季在针叶林或针阔混交林中地上单生或群生。

【毒性】记载有毒，避免生食。

照片来源 图1由章轶哲研究员2015年8月22日拍摄于楚雄州楚雄市。图2由李海蛟博士2015年6月25日拍摄于玉溪市华宁县宁州镇。图3由李海蛟博士2017年8月7日拍摄于楚雄州楚雄市。图4、图5由红河州弥勒市疾控中心2016年8月9日拍摄于弥勒新哨镇清河村。

16 锥鳞白鹅膏 *Amanita virgineoides* Bas

【俗名】麻母鸡

【形态特征】子实体中等至大型。菌盖幼时球形、半球形，后期平展，有时边缘上翘，白色，湿润时表面稍黏，被圆锥状至角锥状鳞片，至菌盖边缘渐变小。菌褶离生，白色至米色，较宽，稍密，不等长。菌柄圆柱形，白色，被白色絮状至粉末状鳞片，基部膨大，腹鼓状至卵形。菌环顶生或位于菌柄上方，白色，易碎。

【生境】夏、秋季在针阔混交林地上单生。

【毒性】有毒。

照片来源 图1由德宏州芒市疾控中心2015年8月6日拍摄于芒市遮放镇。图2、图3由楚雄州楚雄市疾控中心2015年8月18日拍摄于楚雄市中山镇大自雄村。图4～图6由保山市昌宁县疾控中心分别于2017年8月1日拍摄于昌宁县鸡飞镇澡塘社区打阴山、昌宁县更戛乡更戛村干龙塘，2017年8月3日拍摄于昌宁县勐统镇黄家坟地。

17　白霜杯伞 *Clitocybe dealbata* (Sowerby) P. Kumm.

【形态特征】子实体小型。菌盖幼时半球形，后期平展中部下凹，有时呈漏斗形，白色或浅黄色，边缘内卷或呈波浪状。菌肉白色。菌褶延生，较密，白色或黄白色。菌柄近圆柱形，向下渐粗，白色，基部稍膨大。

【生境】夏、秋季在杂木林中地上群生或丛生。

【毒性】有毒。

照片来源 照片由保山市昌宁县疾控中心蒋仙富老师提供。

18 烟云杯伞近似种 *Clitocybe* aff. *nebularis* (Batsch) P. Kumm.

【别名】粪菌

【形态特征】子实体小型。菌盖常常颜色多变化，呈现为灰褐色、烟灰色或淡黄色，干时稍变白，边缘平滑无条棱有时呈波浪状或近似花瓣状。菌肉薄而稍脆，白色，伤后不变色。菌褶延生，窄而密，不等长，初期白色，后期淡黄色。菌柄与菌盖基本同色，圆柱形，实心，水分多，基部往往膨大。

【生境】夏、秋季散生或簇生于针叶林地上。

【毒性】记载有毒，也有记载可食。

照片来源 图1、图2由保山市隆阳区疾控中心2016年8月6日拍摄于隆阳区金鸡乡宝鼎寺。图3、图4由保山市隆阳区疾控中心2016年8月7日拍摄于隆阳区杨柳乡瘦马山岩子头。

【形态特征】子实体小型。菌盖土黄褐色，表面有较明显的放射状条纹，边缘开裂，中央凸起并有鳞片。菌肉有土腥味，白色。菌褶离生或弯生，早期白色，后变灰色，褶片较薄，不等长。菌柄圆柱形，向下渐粗，实心，与菌盖基本同色；基部膨大似球形，柄表面被细密白霜。

【生境】夏、秋季单生于阔叶林中地上。

【毒性】有毒。

照片来源 照片由李海蛟博士拍摄。

【形态特征】子实体小型。菌盖幼时锥形或钟形，成熟后斗笠形或平展，中央凸起，橙黄色或杏黄色，被放射状鳞片，边缘开裂。幼时鳞片与菌盖同色，成熟后变为褐色或红褐色。菌肉有芳香味，白色或淡杏黄色。菌褶直生，密，幼时浅黄色，成熟后深褐色。菌柄圆柱形，等粗，实心，与菌盖基本同色，表面被粉末状颗粒。

【生境】夏、秋季单生或散生于阔叶林中地上。

【毒性】有毒。

照片来源 照片由李海蛟博士2016年8月11日拍摄于楚雄州。

21　甜苦丝盖伞 *Inocybe dulcamara* (Pers.) P. Kumm.

【形态特征】子实体小型。菌盖幼时半球形，成熟后近平展，表面被辐射状细密鳞片，褐黄色，中部色深。菌肉较厚，肉质，土黄色，无明显气味。菌褶延生，较宽，中等密，黄褐色带橄榄色，边缘锯齿状。菌柄圆柱形，等粗，表面纤维状，顶部有少许白霜状或细小头屑状颗粒。

【生境】夏、秋季单生或散生于阔叶林地上。

【毒性】有毒。

照片来源 照片由李海蛟博士拍摄。

【**形态特征**】子实体小型。菌盖幼时锥形，后逐渐平展，中央明显凸起，光滑且有丝状质感，成熟后边缘裂开，白色或稍带淡黄色。菌褶幼时白色，后灰色至淡褐色，直生。菌肉浓土腥味，白色或带淡黄色。菌柄圆柱形，等粗，白色，顶部具白色霜状鳞片，实心。

【**生境**】夏、秋季单生或散生于阔叶林或针叶林地上。

【**毒性**】有毒。

照片来源 照片由李海蛟博士拍摄。

23　光帽丝盖伞 *Inocybe nitidiuscula* (Britzelm.) Lapl.

【形态特征】子实体小型。菌盖幼时锥形，后呈钟形至渐平展，盖中央有较小突起，光滑，纤维丝状；老后盖边缘开裂或反卷，中央深褐色，边缘色渐浅。菌肉白色或半透明，淡土腥味。菌褶直生，中等密，不等长，幼时污白色，成熟后褐色。菌柄圆柱形，等粗，上部粉褐色，下部灰白色，基部膨大有白色棉毛状菌丝体。

【生境】夏、秋季单生或散生于阔叶林中地上。

【毒性】有毒。

照片来源 照片由李海蛟博士2017年8月28日拍摄于楚雄州楚雄市紫溪山。

24　土黄丝盖伞 *Inocybe praetervisa* Quél.

【形态特征】子实体小型。菌盖幼时钟形，后呈斗笠形至平展，菌盖中央凸起，菌盖表面丝质光滑，有少许深褐色鳞片，幼时淡褐色，边缘色淡，后逐渐带橙红色至粉红色。菌肉白色，后变橙红色，带土腥味。菌褶直生，稍密，不等长，白色至灰白色，成熟后逐渐带橙红色或砖红色。菌柄细长圆柱形，等粗，实心，有光泽，具纵条纹，常具有白色粉状颗粒，幼时米黄色或淡肉褐色，后逐渐变为橙红色，基部球形膨大。

【生境】夏、秋季生于针叶林、阔叶林或针阔混叶林中地上。

【毒性】有毒。

照片来源 图1、图2由红河州弥勒市疾控中心2016年7月30日拍摄于弥勒市东山镇万亩森林。图3由李海蛟博士2017年9月14日拍摄于大理州宾川县鸡足山。

25　变红歧盖伞 *Inosperma erubescens* (A. Blytt) Matheny & Esteve-Rav.

【形态特征】子实体小型。菌盖幼时锥形至钟形，成熟后斗笠形至平展，中央具锐突起，纤维丝状，粗糙，细裂缝，成熟后有时边缘开裂，草黄色至赭黄色，伤后或老后逐渐带粉红色至橙红色。菌褶密，直生，窄，幼时污白色至灰白色，成熟后或伤后带粉色。菌柄基部球形膨大，表面被细纤维丝状，顶部粗纤维状或呈头屑状鳞片，中下部被白色菌丝，表面白色至污白色，成熟后逐渐带粉红色或橙红色。

【生境】夏季生于壳斗科林地上。

【毒性】有毒。

照片来源　照片由李海蛟博士拍摄。

26 海南歧盖伞 *Inosperma hainanense* Y.G. Fan, L.S. Deng, W.J. Yu & N.K. Zeng

【形态特征】子实体小型。菌盖幼时圆锥形至凸面形，成熟后平展，菌盖中央具明显凸起，呈纤维丝裂状，菌盖中央及纤维呈巧克力褐色至深褐色，其余部位呈淡黄色至黄褐色。菌褶极密，贴生，起初呈象牙白色至灰白色，逐渐变为污黄色至褐色。菌柄圆柱形，基部均稍膨大，整个菌柄光滑或呈纵条纹纤维状，上部象牙色至黄白色，下部黄色至褐色。

【生境】夏、秋季生于壳斗科为主的阔叶树林地上。

【毒性】有毒。

照片来源 照片由保山市龙陵县疾控中心2017年8月1日拍摄于龙陵县龙山镇。

27 毒歧盖伞近似种 *Inosperma* aff. *virosum* (K.B. Vrinda, C.K. Pradeep, A.V. Joseph & T.K. Abraham ex C.K. Pradeep, K.B. Vrinda & Matheny) Matheny & Esteve-Rav.

【形态特征】子实体小型至中等。菌盖幼时圆锥形至凸面形，成熟后平展，菌盖中央具不明显凸起，菌盖呈纤维丝裂状，淡黄色至黄褐色。菌褶密，贴生，起初呈象牙白色，逐渐变为污黄色至褐色。菌柄圆柱形，黄白色至浅黄褐色。

【生境】夏季生于阔叶树林地上。

【毒性】有毒。

照片来源 照片由德宏州芒市疾控中心卢佳杰老师提供。

28 洁小菇 *Mycena pura* (Pers.) P. Kumm.

【形态特征】子实体小型。菌盖幼时半球形，后平展至边缘稍上翻，淡紫色或淡紫红色至丁香紫色，湿润，边缘具条纹。菌肉薄、灰紫色。菌褶白色、灰白色、淡紫色，较密，直生或近弯生，不等长。菌柄近圆柱形，等粗或向下稍粗，与菌盖同色或稍淡，光滑，空心，基部往往被白色毛状菌丝体。

【生境】夏、秋季在针叶林地上或腐木上丛生、群生或单生。

【毒性】有毒。

照片来源 图1、图2分别由李海蛟博士2017年9月13日拍摄于大理州宾川县鸡足山、2017年9月26日拍摄于保山市腾冲市。图3由保山市隆阳区疾控中心2016年8月7日拍摄于隆阳区杨柳乡瘦马山。

29 毒鹿花菌 *Gyromitra venenata* Hai J. Li, Z.H. Chen & Zhu L. Yang

【形态特征】子实体小型至中等。子囊盘呈不规则脑形，初时光滑，逐渐多褶皱，红褐色、紫褐色、金褐色、咖啡色或褐黑色，粗糙，边缘部分不与菌柄连接。菌柄短粗，污白色，空心，表面粗糙而凹凸不平。

【生境】春季生于阔叶树林地上。

【毒性】有毒。

照片来源 由陈作红教授供图。

30　皱柄白马鞍菌 *Helvella crispa* (Scop.) Fr.

【形态特征】子囊果小型。子囊盘呈马鞍形，成熟后呈不规则花瓣状，白色或浅肉色，表面光滑，湿润，常有皱褶。菌柄有纵棱及深槽，与菌盖同色。

【生境】夏、秋季单生于阔叶林中地上。

【毒性】有毒。

照片来源 图1由李海蛟博士2017年9月13日拍摄于大理州宾川县鸡足山。图2由保山市隆阳区疾控中心2016年8月5日拍摄于隆阳区瓦马乡瓦马村。

31 热带紫褐裸伞 *Gymnopilus dilepis* (Berk. & Broome) Singer

【形态特征】子实体小型至中等。菌盖近圆形，紫褐色，中央被褐色直立鳞片。菌肉淡黄色或米色，味苦。菌褶离生，稀，褐黄色或淡锈褐色。菌柄褐色或紫褐色，有细小纤丝状鳞片。菌环丝膜状，易消失。

【生境】夏、秋季生于热带林中腐木上或腐烂竹子基部。

【毒性】有毒。

照片来源 照片由保山市昌宁县疾控中心王亚超老师提供。

32　赭黄裸伞 *Gymnopilus penetrans* (Fr.) Murrill

【形态特征】子实体小型至中等。菌盖幼时半球形，后渐平展，金黄色，中部色深。菌肉白色或淡黄色，味苦。菌褶直生或弯生，黄色，稍密，不等长。菌柄近圆柱形，淡黄色。菌环白色，纤维质，易消失。

【生境】夏、秋季在针叶林腐木上群生或丛生。

【毒性】有毒。

照片来源 图1～图3由李海蛟博士拍摄。图4、图5由曲靖市马龙县疾控中心2017年9月11日拍摄于马龙县旧县街道旧县村国有林。

33 橘黄裸伞 *Gymnopilus spectabilis* (Fr.) Singer

【形态特征】子实体小型至中等。菌盖幼时半球形，后渐平展，橙黄色或橘红色，有纤毛状橘红色小鳞片。菌肉厚，淡黄色，味苦。菌褶直生或延生，密，不等长，初期淡黄色，后期锈色。菌柄短粗近棒状，赭黄色，有丝状条纹，实心，基部膨大。菌环位于菌柄上部，膜质，淡黄色或黄色。

【生境】夏、秋季单生或丛生于腐木上。

【毒性】有毒。

照片来源 照片由图力古尔教授提供。

34　双胞斑褶菇 *Panaeolus bisporus* (Malencon & Bertault) Ew. Gerhardt

【形态特征】子实体小型。菌盖扁半球形，浅斗笠形至平展，有时近钟形，污白带褐色、米褐色、灰白色、灰色、灰褐色或褐色，湿时水浸状，具短绒毛，边缘有一深色环带。菌肉与菌盖同色，伤变蓝色。菌褶直生至弯生，中等至稍密，浅灰褐色、褐色、灰黑色至黑褐色或近黑色。菌柄细长，近盖色或浅褐色至褐色，近顶部色浅，伤变蓝色，具微绒毛和纵纹。

【生境】夏季生于灌丛、田地、林中凋落物层或草地上。

【毒性】有毒。

照片来源 照片由杨祝良教授提供。

35　粪生斑褶菇 *Panaeolus fimicola* (Pers.) Gillet

【形态特征】子实体小型。菌盖幼时圆锥形，后平展为扁半球形，中部稍突起，灰白色或灰褐色，中部黄褐色，边缘有深褐色环带。菌肉极薄，灰白色。菌褶直生，稀，不等长，灰褐色，后渐变为黑色，褶缘白色。菌柄细长，圆柱形；基部稍膨大，褐色，向下颜色稍深，空心。

【生境】夏季生于马粪堆及其周围地上。

【毒性】有毒。

照片来源 照片由李海蛟博士拍摄。

36　蝶形斑褶菇 *Panaeolus papilionaceus*（Bull.）Quél.

【俗名】粪菌。

【形态特征】子实体小型。菌盖幼时钟形或半球形，后为扁半球形，中部稍突起有时龟裂成鳞片，灰褐色或棕褐色，边缘有暗色环带。菌肉极薄，灰白色。菌褶直生，稍密，长菌褶少，短菌褶多，灰褐色，渐变为黑灰相间的花斑。菌柄细长，圆柱形，污白色或深灰色，中空。菌环位于菌柄上部，易消失。

【生境】夏、秋季生于粪堆上。

【毒性】有毒。

照片来源 图1、图2分别由保山市施甸县疾控中心2018年8月8日拍摄于施甸县何元乡何元村小白山、2017年8月11日拍摄于施甸县由旺镇杨家村刘家山。图3由李海蛟博士拍摄。

137

37 紧缩斑褶菇 *Panaeolus sphinctrinus* (Fr.) Quél.

【形态特征】子实体小型。菌盖初期锥形近卵圆形，后近钟形，顶部稍凸，浅灰褐色、暗灰色，潮湿时色更深，中部暗褐色，表面光滑，干时有裂片。菌肉薄，淡灰色。菌褶直生，初期灰色后变黑色，褶沿白色絮状。菌柄细长圆柱形，顶部灰白色，有条纹，下部带红褐色，内部空心。

【生境】春至秋季生于牧场或林中牛马粪上，单生或群生。

【毒性】有毒。

照片来源 照片由保山市隆阳区疾控中心2018年8月9日拍摄于隆阳区蒲缥镇小干岩村。

38　楚雄裸盖菇 *Psilocybe chuxiongensis* T. Ma & K.D. Hyde

【形态特征】子实体小型。菌盖初近斗笠形或半球形，边缘内卷，后半球形至平展，暗黄色至黄褐色，向边缘处色渐浅，至边缘处近白色，湿时稍黏。菌褶直生至弯生，中密至稍密，幼时蜡白带黄色，后浅灰黄色至紫褐色，成熟时可见明显的斑纹，老后橄榄色至深褐色，干时或伤时变蓝色。菌柄白色带光泽，表面具白色丛毛鳞片，伤时变蓝色。

【生境】春至秋季生于牧场或林中牛马粪上，单生或群生。

【毒性】有毒。

照片来源 图片引自文献[28]。

39 古巴裸盖菇 *Psilocybe cubensis* (Earle) Singer

【形态特征】子实体小型、中等至大型。
菌盖幼时锥形或半球形，成熟后近平展，
中部微凸，开始表面黄色，中部蛋黄色，
后呈赭色和奶油色，老时带白色，黏，光
滑或有白色鳞片。菌肉白色，伤后变蓝
色。菌褶直生或弯生，暗灰色或暗紫褐
色，最后黑紫色。菌柄细长圆柱形，基部

膨大，内部松软或空心，白色或黄褐色，受伤变蓝。菌环白色，易消失。

【生境】夏、秋季在牛粪等粪肥上群生或单生。

【毒性】有毒。

照片来源 照片由德宏州盈江县疾控中心2015年8月5日拍摄于盈江县铜壁关乡。

40　卡拉拉裸盖菇 *Psilocybe keralensis* K.A. Thomas, Manim. & Guzmán

【形态特征】子实体小型。菌盖圆锥形或半球形，光滑，湿润，黄褐色，受伤后变蓝色。菌肉薄，白色，受伤后变蓝色。菌褶直生或弯生，灰色至灰褐色，稍密，不等长。菌柄细长，圆柱形，顶部黄褐色，向下深褐色至黑褐色，中空，基部稍膨。菌环白色，膜质，易消失。

【生境】夏、秋季在阔叶林腐殖土上群生或散生。

【毒性】有毒。

照片来源 图1、图2由保山市龙陵县疾控中心2017年8月8日拍摄于龙陵县龙新乡杨家坟坡。图3由李海蛟博士2017年9月12日拍摄于大理州宾川县鸡足山。

41 泰国绿斑裸盖菇 *Psilocybe thaiaerugineomaculans* Guzmán, Karun. & Ram. −Guill

【形态特征】子实体小型。菌盖圆锥形或具近脐状突起，光滑，红褐色、黄褐色、灰白色至近白色，受伤后变蓝色。菌褶直生或弯生，紫褐色至巧克力褐色，边缘白色，稍密，不等长。菌柄细长，圆柱形，白色，伤后变蓝。菌环白色，膜质。

【生境】冬季生于热带腐殖质高的地上。

【毒性】有毒。

照片来源照片由德宏州芒市疾控中心提供。

42　兰茂牛肝菌 *Lanmaoa asiatica* G. Wu & Zhu L. Yang

【俗名】见手青、红葱。

【形态特征】子实体中等至大型。菌盖幼时半球形，渐变扁半球形，红色、污红色或粉红色，边缘表皮稍延生。菌肉厚，淡黄色，受伤后变为淡蓝色，时间长变深蓝色。菌管淡黄色，受伤后迅速变为淡蓝色或蓝色。菌柄较粗近圆柱形，顶部黄色，向下渐为粉红色或红色，平滑，有时顶部有网纹。

【生境】夏、秋季在针叶林或针阔混交林中地上生长。

【毒性】生食可能致幻，煮熟后方可食用。

照片来源 照片由文官亮老师提供。

43 玫黄黄肉牛肝菌 *Butyriboletus roseoflavus*(Hai B. Li & Hai L. Wei) D. Arora & J.L. Frank

【俗名】见手青、白葱。

【形态特征】子实体中等至大型。菌盖幼时半球形，成熟近平展，粉红色、浅紫红色或玫瑰红色，老时色变淡。菌肉厚，黄色或米黄色，受伤后不变色或局部变浅蓝色。菌管淡黄色，受伤后变为蓝色。菌柄短粗近圆柱形，上半部黄色或奶油色，有网纹；下半部网纹不明显。

【生境】夏、秋季在针叶林或针阔混交林中地上生长。

【毒性】误食致幻，生食有毒，煮熟后方可食用。

照片来源 图1由杨祝良教授、吴刚博士供图。图2由李海蛟博士拍摄于云南市场。

44　华丽新牛肝菌 *Neoboletus magnificus* (W.F. Chiu) Gelardi, Simonini & Vizzini

【俗名】牛肝菌、见手青。

【形态特征】子实体中等至大型。菌盖扁半球形，鲜红色、血红色或褐红色，有时带珊瑚红色，具小绒毛，有时光滑，边缘初期内卷，有时波状，表面不黏。菌肉黄色，受伤后变蓝色。菌管柠檬黄色，成熟后黄褐色，受伤后迅速变为蓝色。菌柄近圆柱状，上部杏黄色，下部近似盖色，带有红色细小疣点，上下等粗或基部稍膨大。

【生境】夏、秋季在针阔混交林中地上生长。

【毒性】生食有毒，可能致幻，煮熟后方可食用。

照片来源 图1～图3由红河州弥勒市疾控中心2016年8月9日拍摄于弥勒市新哨镇清河村。图4～图6由李海蛟博士拍摄。

45　硫色硫黄菌 *Laetiporus sulphureus* (Bull.) Murrill

【俗名】硫黄菌。

【形态特征】子实体中等至大型。菌体初期呈瘤状，似脑髓状，菌盖叠瓦状排列，肉质水分较多，干后轻而脆。菌盖表面新鲜时硫黄色至鲜橙色，有细绒或无，有皱纹，无环带，边缘薄而锐，波浪状至瓣裂。孔口表面新鲜时奶油色或浅黄色，干后硫黄色至黄褐色，无折光反应。菌肉奶油色至污黄褐色。菌管与孔口表面同色。

【生境】夏、秋季单生或叠生于阔叶林树干或枯木上。

【毒性】可食，对于某些人有神经毒性。

照片来源 图1、图2由红河州建水县疾控中心2016年8月2日拍摄于建水县坡头乡回元村凹腰山。图3由李海蛟博士2017年7月5日拍摄于楚雄州。

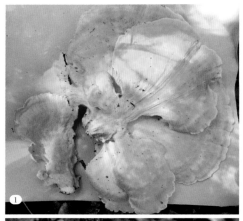

46 哀牢山硫黄菌 *Laetiporus ailaoshanensis* B.K. Cui & J. Song

【俗名】硫黄菌。

【形态特征】子实体中等至大型。菌体一年生，无柄或有短柄，覆瓦状叠生，新鲜时肉质，干后奶酪质。菌盖扁平，表面新鲜时橘黄色或橘红色，边缘钝，较菌盖表面颜色浅。菌管与孔口表面同色，孔口表面新鲜时奶油色或浅黄色。菌肉乳白色或浅黄色。

【生境】春、夏季生于石栎属树木上，造成木材褐色腐朽。

【毒性】可食，对于某些人有神经毒性。

照片来源 照片由宋杰博士提供。

47 环带硫黄菌 *Laetiporus zonatus* B.K. Cui & J. Song

【俗名】硫黄菌。

【形态特征】子实体中等至大型。菌体一年生，无柄或有短柄，覆瓦状叠生，新鲜时肉质，干后奶酪质。菌盖扁平，表面新鲜时橘黄色或橘红色，边缘钝，较菌盖表面颜色深。孔口表面新鲜时奶油色至土黄色。菌肉奶油色至浅黄色。菌管与孔口表面同色，干后脆质。

【生境】春、夏季生于阔叶林树上，造成木材褐色腐朽。

【毒性】可食，对于某些人有神经毒性。

照片来源 照片由宋杰博士提供。

第六节　溶血型毒菌

东方桩菇 *Paxillus orientalis* Gelardi, Vizzini, E. Horak & G. Wu

【形态特征】子实体小型至中等。菌盖浅漏斗状，边缘内卷，菌盖表面污白色至淡灰褐色，被褐色鳞片。菌褶延生，密，不等长，有分叉，污白色至黄褐色，伤后变为灰褐色。菌柄圆柱形，稍短，淡灰色至淡褐色，光滑。

【生境】夏、秋季在针阔混交林中地上单生或群生。

【毒性】有毒。

照片来源 图1、图2由保山市施甸县疾控中心2017年8月6日拍摄于施甸县太平镇太平村一碗水后山。图3、图4由李海蛟博士2017年9月27日拍摄于保山市腾冲市。

第七节　光过敏性皮炎型毒菌

叶状耳盘菌 *Cordierites frondosus* (Kobayasi) Korf

【形态特征】子囊果小型。菌体花瓣状、盘形或浅杯形，边缘波状，由多片叶状瓣片组成，表面近光滑，被有皱褶，黑褐色至黑色，干后墨黑色，脆而坚硬。有短柄或无柄。

【生境】夏、秋季生于阔叶林倒木或腐木上。

【毒性】有毒。此菌极似木耳，在木耳产区易发生误食中毒。

照片来源 照片由李海蛟博士拍摄。

第八节　其他中毒类型毒菌

毒沟褶菌 *Trogia vneneta* Zhu L. Yang, Y.C. Li & L.P. Tang

【俗名】小白菌、蝴蝶菌

【形态特征】子实体小型。菌盖扇形或花瓣状，粉红色或淡肉色，有时污白色或白色。菌肉薄，白色或淡粉红色，柔韧，无味。菌褶延生，低矮，稀疏，不等长，淡粉红色或污白色。菌柄较短近圆柱形，较有韧性，基部有白色菌丝体。

【生境】夏、秋季生于阔叶林或混交林腐木上。

【毒性】有毒。

照片来源　照片均由李海蛟提供。图1于2013年9月8日拍摄于玉溪市华宁县背阴岩。图2于2014年7月30日拍摄于保山市腾冲市。图3于2016年6月30日拍摄于大理州。

主要参考文献

[1] 陈作红, 杨祝良, 图力古尔, 等. 毒蘑菇识别与中毒防治[M]. 北京: 科学出版社. 2016.

[2] 何仟, 谢立璟, 马沛滨, 等. 我国有毒动物、有毒植物、毒蕈中毒现况分析[J]. 药物不良反应杂志, 2013, 15(1): 6–10.

[3] 李海蛟, 章轶哲, 刘志涛, 等. 云南蘑菇中毒事件中的毒蘑菇物种多样性[J]. 菌物学报, 2022, 41(9): 1416–1429.

[4] 李玉, 李泰辉, 杨祝良, 等. 中国大型菌物资源图鉴[M]. 郑州: 中原农民出版社. 2015.

[5] 刘志涛, 吴少雄, 万蓉, 等. 2005–2013年云南省野生蕈中毒的时空分布[J]. 中国食品卫生杂志, 2014, 26(6): 547–551.

[6] 刘志涛, 万蓉, 王晓雯, 等. 云南省野生菌中毒地理分布特点及其与环境因素的关系[J]. 职业与健康, 2013, 29(20): 2699–2700.

[7] 刘志涛, 赵江, 李娟娟, 等. 云南省2015–2020年野生蕈中毒流行特征及趋势预测[J]. 食品安全质量检测学报, 2021, 12(17): 7074–7079.

[8] 马涛. 云南广义裸盖菇属和斑褶菇属真菌分类研究—兼论*Protostropharia*属[D]. 北京: 中国林业科学研究院. 2014.

[9] 卯晓岚. 中国毒菌物种多样性及其毒素[J]. 菌物学报, 2006, 25(3): 345–363.

[10] 图力古尔, 包海英, 李玉. 中国毒蘑菇名录[J]. 菌物学报, 2014, 33(3): 517–548.

[11] 万蓉, 刘志涛, 赵江, 等. 2011–2017年云南省野生菌中毒情况分析[J]. 卫生软科学, 2019, 33(10): 120–124.

[12] 万蓉, 赵江, 刘志涛, 等. 2011–2019年云南省食物中毒流性特征分析及预防措施探讨[J]. 食品安全质量检测学报, 2021, 12(1): 120–1624.

[13] 王向华. 红菇科可食真菌的若干分类问题[J]. 菌物学报, 2020, 39(9): 1617–1639.

[14] 王向华, 刘培贵, 于富强. 云南野生商品蘑菇图鉴[M]. 昆明: 云南科技出版社. 2004.

[15] 杨祝良. 中国真菌志: 第二十七卷 鹅膏科[M]. 北京: 科学出版社. 2005.

[16] 杨祝良. 中国鹅膏科真菌图志[M]. 北京: 科学出版社. 2015.

[17] 杨祝良, 葛再伟, 梁俊峰. 中国真菌志: 第五十二卷 环柄菇类 (蘑菇科)[M]. 北京: 科学出版社. 2019.

[18] 杨祝良, 王向华, 吴刚. 云南野生菌[M]. 北京: 科学出版社. 2022.

[19] 杨祝良, 吴刚, 李艳春, 等. 中国西南地区常见食用菌和毒菌[M]. 北京: 科学出版社. 2021.

[20] 应建浙, 臧穆. 西南地区大型经济真菌[M]. 北京: 科学出版社. 1994.

[21] 张颖, 欧晓昆. 滇中地区常见大型真菌[M]. 昆明: 云南科技出版社. 2013.

[22] 赵江, 闵向东, 张强, 等. 云南省2013年至2017年食源性疾病暴发事件监测分析[J]. 昆明医科大学学报, 2018, 39(6): 118–123.

[23] 郑文康. 云南食用菌与毒菌图鉴[M]. 昆明: 云南科技出版社. 1988.

[24] LI H J, ZHANG H S, ZHANG Y Z, et al. Mushroom Poisoning Outbreaks — China, 2019 [J]. China CDC Weekly, 2020, 2(2):19–27.

[25] LI H J, ZHANG H S, ZHANG Y Z, et al. Mushroom Poisoning Outbreaks — China, 2020 [J]. China CDC Weekly, 2021, 3(3):41–45.

[26] LI H J, ZHANG H S, ZHANG Y Z, et al. Mushroom Poisoning Outbreaks — China, 2021 [J]. China CDC Weekly, 2022, 4(3):35–40.

[27] LI H J, ZHANG Y Z, ZHANG H S, et al. Mushroom Poisoning Outbreaks — China, 2022 [J]. China CDC Weekly, 2023, 5(3):45–50.

[28] MA T, FENG Y, LIN X F, et al. *Psilocybe chuxiongensis*, a new bluing species from subtropical China [J]. Phytotaxa, 2014, 156 (4):211–220.

[29] WU F, ZHOU L W, YANG Z L, et al. Resource diversity of Chinese macrofungi: edible, medicinal and poisonous species [J]. Fungal Diversity, 2019, 98:1–76.